絶滅危惧種の生態工学

—生きものを絶滅から救う保全技術—

Ecological Engineering for Endangered Species

亀山 章 ■監修　倉本 宣 ■編著

地人書館

まえがき

　生きものである私たち人類は、いま、生きものの仲間たちを大量に失うという大きな危機に直面しています。それが絶滅の危機です。

　絶滅とは、絶えてなくなることであり、生きものの絶滅とは、ある生きものの種が地球上からいなくなることです。

　生きものの種の絶滅は、地球上の生命の長い歴史のなかで、環境の変化や種間の競争などの自然のプロセスによって絶えず生じてきたことですが、今日の絶滅は自然のプロセスではなく、私たち人類の行動が原因になって生じているところに問題の本質があります。

　すべての生きものは、私たち人類がそうであるように、地球上で生じた生命の長い進化の歴史の産物であり、いったん消滅すれば二度と再現することができないという認識に基づいた、畏敬の念を持って接するべきものです。

　絶滅危惧の用語が世界で一般に使われるようになったのは、1975年に発効した「絶滅のおそれのある野生動植物の種の国際取引に関する条約」(通称、ワシントン条約)の頃からであり、わが国では1992年に制定された「絶滅のおそれのある野生動植物の種の保存に関する法律」(通称、種の保存法)以来と言われています。

　絶滅危惧とは、絶滅が危惧されることであり、危惧の大きさ、すなわち深刻さの度合いは、絶滅危惧種のリストのなかで絶滅危惧Ⅰ類、絶滅危惧Ⅱ類、準絶滅危惧などのように段階区分されています。絶滅危惧種のリストを見ると、それぞれの種の絶滅危惧の段階(カテゴリー、ランク)を知ることができます。しかしこのランクは、種が置かれた現在の瞬間の状態を示しているものであり、種がずっと持ち続けている固有の性質ではありません。生きものの種は、その種が生まれたはじめから絶滅危惧種であるようなことはなく、様々な原因によって絶滅が危惧されるようになるのです。

まえがき

　東京の郊外の住宅地にある私の家の周りでは、1960年代までは水田の水路にウナギ、ギバチ、スナヤツメ、ホトケドジョウ、カジカなどが普通に見られましたが、これらの種は現在では絶滅危惧種にされています。ですから、いま身近に普通にある生きものも、いつの日か絶滅危惧種にならないとも限りません。

　絶滅危惧種にされても、保全の努力をすることによって絶滅危惧のランクを下げることができます。オオタカは環境省のレッドリストで、1998年には絶滅危惧Ⅱ類でしたが、2006年と2012年には準絶滅危惧にされています。この間に、環境省はオオタカを種の保存法の「国内希少野生動植物種」に指定して「猛禽類保護の進め方」を策定し、道路や各種開発事業の事業者とその関係者は、それに基づいて保全に努めてきました。その結果、オオタカの個体数が増加したことによって、ランクが下げられたのです。このことは、絶滅危惧種の保全にとって大きな成果であり、貴重な経験でした。

　この本は、絶滅危惧種あるいは絶滅危惧の可能性を持った生きものたちの扱い方について書かれたものであり、絶滅という危機感をもって大切に扱うことを目的として編集したものです。したがって、この本は現在の絶滅危惧種を対象にして書かれていますが、ここで述べていることは、あらゆる生きものの種に適用できる考え方です。生きものにやさしい接し方、やさしい扱い方という汎用性を目ざしたものです。

2019年1月

　　　　　　　　　　　　　　　　　　　　　　　　　　　　亀山　章

目　次

まえがき　　亀山　章　iii

序——本書の目指すもの　　亀山　章　1

第一部　絶滅危惧種の生物学

第1章　絶滅危惧種の生物学　　倉本　宣
1.1　生物多様性と種　7
1.2　絶滅とは　7
1.3　レッドデータブックとレッドリスト　9
1.4　絶滅の原因　12

第2章　絶滅危惧種の保全と遺伝的多様性　　佐伯いく代
2.1　生存と進化の基盤としての遺伝的多様性　15
2.2　遺伝的多様性を調べるためのアプローチ　16
　　2.2.1　表現型　16
　　2.2.2　染色体　17
　　2.2.3　タンパク質　17
　　2.2.4　DNA　18
2.3　遺伝的多様性の情報を用いた絶滅危惧種の保全　20
　　2.3.1　保全対象となる分類群の識別　20
　　2.3.2　分断化の影響の把握　21
　　2.3.3　遺伝的撹乱の防止　22
2.4　今後の展望　23

第3章　絶滅危惧種の情報整備と利用　　井本郁子
3.1　絶滅危惧種の情報　29
3.2　生物情報と地理情報（GIS）データ　30
3.3　データベース整備の今後　33

目　次

第二部　絶滅危惧種の保全技術

第4章　絶滅危惧種の保全と生態工学　　大澤啓志・春田章博
4.1　自然的・半自然的空間を扱う生態工学　37
4.2　絶滅危惧種に対する配慮　38
4.3　人材の育成と技術者の職能　41

第5章　生息域内保全と生息域外保全　　中村忠昌
5.1　絶滅危惧種の保全における目標　43
5.2　生息域内保全と生息域外保全　44

第6章　生息域内保全
6.1　生息域内保全の計画　　八色宏昌
　6.1.1　絶滅危惧種の保全計画の意義　47
　6.1.2　保全計画の進め方と配慮事項　47
　　（1）保全計画の進め方　47
　　（2）保全計画の立案にあたっての配慮　48
　6.1.3　計画策定におけるステークホルダーとの協働　49
　6.1.4　計画の継続性の確保　50
6.2　生息域内保全の実践　　中村忠昌
　6.2.1　情報収集　50
　　（1）絶滅危惧種についての一般的な情報の収集　50
　　（2）現地における生育・生息状況の把握　52
　　（3）生育・生息阻害要因の特定　53
　6.2.2　域内における保全活動　54
　　（1）生育・生息環境の維持と改善　54
　　（2）人的影響の排除　57
　　（3）地元の理解と普及啓発活動　60
　6.2.3　生息域内保全の限界と総合的な保全　61
6.3　生息域内保全のための環境ポテンシャル評価
　　　　　　　　　　　　　　　　　日置佳之・中田奈津子
　6.3.1　保全・再生地の調査　63
　　（1）土地的環境と生物的環境　63
　　（2）調査範囲　63

(3) 基図　63
　　　(4) 調査の期間・頻度・空間分布　64
　　　(5) 環境調査と主題図作成　64
　6.3.2　診断　65
　6.3.3　処方　66
　6.3.4　ハッチョウトンボ生息地の環境ポテンシャル評価　67
　　　(1) 調査　67
　　　(2) 診断　69
　　　(3) 処方　70

第7章　生息域外保全
　7.1　飼育下での繁殖事業　　堀　秀正
　　7.1.1　はじめに　71
　　7.1.2　動物園の現状　71
　　7.1.3　希少動物の血統登録　72
　　7.1.4　個体群管理　73
　　　(1) 飼育繁殖技術　74
　　　(2) 遺伝的管理　74
　　　(3) 人口学的管理　74
　　7.1.5　ツシマヤマネコの飼育繁殖　75
　　7.1.6　動物園における種の保存の課題　77
　7.2　植物の生息域外保全　　田中法生
　　7.2.1　植物の生息域外保全の変遷と現在の位置付け　79
　　　(1) 植物の域外保全の経緯　79
　　　(2) 日本植物園協会の取り組み　80
　　7.2.2　生育域外保全の課題　81
　　　(1) 野生から域外への導入　82
　　　(2) 栽培　83
　　　(3) 利用　86
　　7.2.3　栽培方法の開発　86
　　　(1) 栽培困難な水生植物の栽培方法の開発　86
　　　(2) レブンアツモリソウの増殖　87
　　　(3) 野生絶滅種コシガヤホシクサの栽培　87
　　7.2.4　今後の展開　88

7.3 ハビタットの造成による飼育・栽培　　板垣範彦
　7.3.1 ハビタットを造成する目的と効果　90
　　（1）ハビタット造成の目的　90
　　（2）ハビタット造成の効果　90
　7.3.2 ハビタット造成の配慮事項　91
　　（1）基本的な考え方　91
　　（2）絶滅危惧種の移動に際しての配慮事項　91
　　（3）ハビタット造成の課題　92
　7.3.3 ハビタット造成地の種別　92
　　（1）都市空間　93
　　（2）人工干潟　94
　　（3）河川　95
　　（4）閉鎖水域　95
　7.3.4 おわりに　96

第8章　野生復帰・再導入　　園田陽一

8.1 野生生物保護から野生復帰へ　97
8.2 野生復帰・再導入の考え方　98
8.3 日本における野生復帰・再導入　100
　8.3.1 トキの野生復帰・再導入　100
　8.3.2 コウノトリの野生復帰・再導入　102
8.4 多様な主体の協働・連携と地域づくり　103

第9章　モニタリング　　徳江義宏

9.1 はじめに　107
9.2 順応的管理とは　107
9.3 計画・事業の実施　108
9.4 モニタリング調査　110
9.5 モニタリング結果の評価と見直し　112
9.6 モニタリングの体制　113

第三部　絶滅危惧種の保全事例

第10章　ツシマヤマネコの交通事故対策　　趙　賢一
10.1　はじめに　117
10.2　ツシマヤマネコの概要　119
　10.2.1　ツシマヤマネコの生態　119
　10.2.2　生息状況と減少要因　119
10.3　交通事故の現状と対策　120
10.4　道路整備時の配慮事項　123
　10.4.1　『ツシマヤマネコに配慮した道路工事ハンドブック』の発行　123
　10.4.2　各整備段階における配慮事項　123
　　（1）調査計画段階　123
　　（2）設計段階　125
　　（3）施工段階　127
　　（4）維持管理段階　128
10.5　交通事故対策の課題　128

第11章　タンチョウとその保護活動　　原田　修
11.1　はじめに　131
11.2　タンチョウとは　131
　11.2.1　日本最大の野鳥　131
　11.2.2　タンチョウの生活史　132
11.3　タンチョウの保護　132
　11.3.1　タンチョウ保護の歴史　132
　11.3.2　タンチョウ保護増殖事業　133
11.4　日本野鳥の会のタンチョウ保護活動　134
　11.4.1　繁殖環境の保全　134
　　（1）野鳥保護区の設置　134
　　（2）営巣環境の復元　135
　11.4.2　冬期自然採食地整備による越冬環境の保全　136
　11.4.3　新規生息地でのサポート　138
11.5　タンチョウ保護のこれから　141

目次

第12章 サンショウウオ類の保全対策　大澤啓志
12.1 はじめに　143
12.2 サンショウウオ類の生活史　143
12.3 環境アセスメントにおける保全措置　146
 12.3.1 調査段階における絶滅危惧種の保全　146
  (1) 移殖先のハビタットの適性の検討　146
  (2) 遺伝子解析による移殖先水系の検討　147
 12.3.2 計画段階における絶滅危惧種の保全　147
  (1) 繁殖水域への道路横断路（アンダーパス）の確保　147
  (2) 保全型タイプの集水桝の設置　148
 12.3.3 施工段階における絶滅危惧種の保全
  ―工事中の濁水流入に対する対策　149
 12.3.4 管理段階における絶滅危惧種の保全　149
  (1) 産卵数モニタリングと環境改善管理　149
  (2) マイクロチップを用いた保全措置の効果の検証　150
12.4 保全措置で留意すべき点　150

第13章 ホトケドジョウの保護と生息地復元　勝呂尚之
13.1 ホトケドジョウの生態　153
13.2 ホトケドジョウの復元研究　155
13.3 ホトケドジョウの保全活動　158
13.4 ホトケドジョウの保全から水域生態系の保全へ　161

第14章 絶滅危惧アメンボ類の保全　中尾史郎
14.1 絶滅危惧のアメンボ類　165
14.2 アメンボ類の保全と生態工学的な配慮　168
14.3 生態工学的技術の普遍化　174
 14.3.1 生息空間に対するマクロな視点　175
 14.3.2 空間整備におけるミクロな視点　176
 14.3.3 悪影響を回避するための時間的な視点　176

第15章 湿地植物ヒメウキガヤの保全　春田章博
15.1 はじめに　179
15.2 絶滅危惧植物の保全措置の進め方　179

15.3 絶滅危惧種ヒメウキガヤの生活史と生育環境　180
    15.3.1　生活史　181
    15.3.2　生育環境　184

15.4 ヒメウキガヤの移植による保全　185
    15.4.1　移植地の整備　185
    15.4.2　移植実験による移植手法の検討　185
    15.4.3　域外保全による系統保存　186
    15.4.4　ヒメウキガヤの移植　187

15.5 生育状態と生育環境の管理　187

第四部　絶滅危惧種の保全の制度と仕組み

第16章　絶滅危惧種保全におけるステークホルダー　　逸見一郎

16.1 絶滅危惧種の所有者と管理責任者　193
16.2 絶滅危惧種の保全にかかわるステークホルダー　194
16.3 ステークホルダーとの合意形成の進め方　196
    16.3.1　絶滅危惧種をめぐる対立・紛争　196
    16.3.2　利害調整の目的　197
    16.3.3　合意形成のためのプラットフォーム　197
    16.3.4　合意形成と事業実施の要点　199

第17章　絶滅危惧種保全の社会的条件　　並木　崇

17.1 はじめに　201
17.2 絶滅危惧種の保全を進めるうえで必要な社会・経済への配慮　201
    17.2.1　鍵となる人と自然のかかわり方　201
    17.2.2　4階層思考モデルとは　202

17.3 4階層思考モデルを用いた事例の紹介
　　　――島嶼地域における絶滅危惧種アオサンゴの保全　204
    17.3.1　原因究明と整理　204
    17.3.2　具体的な保全対策　206

17.4 持続可能性の浸透のために　207

目　次

第18章　絶滅危惧種保全のための法制度　　奥田直久

18.1　種の保存法の制定まで　209
18.2　種の保存法の成立　211
18.3　種の保存法の概要　212
　　18.3.1　目的と基本方針　213
　　18.3.2　希少野生動植物種の指定　213
　　18.3.3　個体等の取扱いに関する規制　214
　　　　(1)　捕獲・譲渡し等の規制　214
　　　　(2)　事業等の規制　214
　　18.3.4　生息地等の保護に関する規制　215
　　18.3.5　保護増殖事業　215
　　18.3.6　希少種保全動植物園等の認定　216
18.4　絶滅危惧種の保全をめぐる法体系　216
18.5　わが国の絶滅危惧種の保全のための法制度の現状と課題　217

索　　引　223

執筆者一覧　230

本書の目指すもの

　絶滅危惧種を絶滅危惧でない状態にすること、それがこの本が目指す究極の目的である。
　絶滅危惧種は絶滅に向かう負のスパイラルのなかにある。スパイラルとは、巻貝の殻のように渦状に巻いている形であり、らせん形曲線とも言われる。通常は限りなく発展するらせん上昇の意味で使われることが多い用語であった。しかし、近年、社会の様々な現象がらせん上昇、すなわち正のスパイラルではなく、らせん下降することが多くなっていることから、負のスパイラルの用語が使われるようになってきている。
　生きものが絶滅に向かう負のスパイラルは、一例として、開発などによる生息地の減少・分断化・孤立化→生息環境の汚染による悪化→共生関係にある種の減少→個体群の遺伝的劣化と縮小→個体群の消失、のようになる。本書では、個々の種について、このような負のスパイラルの詳しい記述は省いている。問題はそこから先であり、負のスパイラルをどのように克服するか、ということである。
　生きものを絶滅から救うには二つのアプローチがある。一つは、絶滅の危機に瀕した種の個体群を絶滅から回避させることを目標とした短期的アプローチであり、もう一つは、絶滅の危機が生じないような自然を保全・創出することを目標とした長期的なアプローチである。
　生きものを階層的に捉えるならば、遺伝子の集まりが種であり、種の集まりが生態系であり、生態系の集まりがランドスケープ（景観または地域）であ

る。短期的なアプローチは、種に焦点を当てて、当面する絶滅の危機を回避しようとする考えであり、対症療法的なアプローチとも言える。それに対して長期的なアプローチは、健全なランドスケープを保全・創出しようとするものであり、特定な種に着目するのではなく、健全な生態系とその集まりであるランドスケープを対象とする包括的なアプローチと言えるものである。

本書の「まえがき」で述べたオオタカは、短期的なアプローチが成功したものであり、本書のなかで解説されているトキやコウノトリの野生復帰も現在までの段階では短期的なアプローチである。トキやコウノトリの野生復帰は長期的に地域のランドスケープを見据えたものであるが、それを支える農村が描くこれからの健全なランドスケープに到達するのには時間がかかり、かつての農村のような安定したランドスケープのシステムには至っていない。そのことを考えて、本書は短期的なアプローチから始めることにしたものである。

本書は、主として生態工学（ecological engineering）に基盤を置いた研究者が、絶滅危惧種の保全についてまとめたものである。生態工学は、生きものとの共生を目指して、人と自然の関係を空間的なシステムとして構築する技術学である。生態工学では、動植物を生物ではなく「生きもの」と呼ぶことが多いのは、人と関係を持つ対象という意識を持って接するからである。

絶滅危惧種の保全に関しては、これまで生物の分類学や生態学によって主に担われてきたが、これらの学問は基礎学であり、個々の絶滅危惧種の生態を解き明かすことから、それぞれの種を救おうとしてきた。一方、生態工学は応用学であり、主に生きものの種とその生育・生息空間の関係を明らかにすることから、生きものの生存が可能となる環境や地域（ランドスケープ）の構築を目指している。

本書において、生態工学は絶滅危惧種の保全に関して、人と自然の関係を二つの視点から取り組んでいる。その一つはインパクト論であり、他の一つはポテンシャル論である。

インパクト論は、人為が生きものや生態系に及ぼす影響のことであり、インパクト・レスポンス・イフェクトの関係から成り立っている。インパクト（impact）は生きものや生態系に及ぼす人為的な外的営力のことであり、レスポンス（response）はそれに対する生きものや生態系の反応または応答のこと

である。イフェクト（effect）はレスポンスが集積した結果である。日本語ではこれを、影響を及ぼす、影響を受ける、影響の結果である、というが、影響という一語では主体と客体が不明確になる。インパクト論は負のスパイラルを解明するのに必須のものであり、さらに、絶滅危惧種を保全する行為も、生きものに対してはインパクトとして捉えられるものである。

　ポテンシャル論は、絶滅危惧種の保全において、環境の可能性を考える理論である。生態工学のような応用学は、常に実践を伴うものであり、実践に関してはその可能性が必須の思考になる。あらゆる計画的行為は、目的と手段を組み合わせて積み上げる行為であり、その前提として可能性の評価、すなわちポテンシャル評価がある。環境ポテンシャルは、環境の可能性のことであり、様々なアプローチがなされている。立地ポテンシャルは、生態系やハビタット（ビオトープ）が成立できる可能性のことであり、気候・地形・地質・土壌などのマクロな環境要因から評価される。種の供給ポテンシャルは、植物の種子散布や動物の移動による侵入の可能性から評価され、社会的環境ポテンシャルは、動植物の捕食―被食関係や競争などの種間の関係が成り立つ可能性から評価される。本書のなかでは、各章はいずれもこのような可能性の評価に基づいて書かれているが、その一つひとつに環境ポテンシャルの用語を用いてはいない。それは、環境ポテンシャルが意識下で前提とされているからである。

　本書は4部構成になっている。第一部では、絶滅危惧種にかかわる生物学的な基礎について、絶滅と絶滅危惧、絶滅危惧種の遺伝的多様性、絶滅危惧種の情報に関して解説している。第二部では、実際の絶滅危惧種の保全事業の流れに沿って、生息域内保全と生息域外保全、野生復帰と再導入、モニタリングについて解説している。第三部では、絶滅危惧種の保全の事例を、生きものを主体にして、哺乳類、鳥類、両生類、魚類、昆虫類、植物の分類群ごとに解説している。第四部では、絶滅危惧種を保全するための制度や仕組みに関して、保全にかかわるステークホルダー、保全のための社会的条件、保全のための法制度について述べている。

〔亀山　章〕

第一部

絶滅危惧種の生物学

第1章 絶滅危惧種の生物学

1.1 生物多様性と種

　種（species）とは、生きものの分類の基本的単位であり、相互に交配し合うことができる集団と定義される。すなわち、種は交配によって遺伝子（gene）を子に引き継ぐことができる集団という概念で認識されており、個体は種の具体的な存在である。

　生物多様性とは、すべての生物の間の変異性を言うものであり、地域（景観）における生態系の多様性、生態系における種の多様性、種における遺伝子の多様性という三つのレベルで認識している。特に、種の多様性は三つのレベルの多様性のかなめとなっている。種は、その生育・生息地（ハビタット）と結びついて存続している。

1.2 絶滅とは

　絶滅（extinction）とは、地球上からある生きものの種のすべての個体が死ぬことによって、その種が絶えることである。

　有史時代において絶滅が初めて認識されたのは、1598年にモーリシャス島で発見された飛べない鳥ドードー（Dodo）が、1681年以来目撃されなかったことによる（図1-1）。ドードーは空を飛べず、地上に営巣し、警戒心が薄い性質から、ヒトが持ち込んだイヌやブタやネズミに捕食され、森林破壊も相まっ

第1章 絶滅危惧種の生物学

図 1-1　骨格をもとに推定復元されたドードー
出典：Oxford University Museum of Natural History

て個体数が急速に減少した。

　地質時代には、5回の大量絶滅（mass extinction）が起こったことが知られている（**図 1-2**）。最大の絶滅は古生代末期の大量絶滅で、三葉虫など当時の90％以上の種が絶滅したとされている。大量絶滅は、数十万年から数百万年の時間をかけて起きたとされる。そして、絶滅した分類群よりも多くの新たな分類群が生まれることが常であった。現代は第六の大量絶滅の時代であり、その原因は我々人類にあり、これまでの大量絶滅と異なって次代を担う生物の進化がみられないので、危機的である。

　絶滅の単位は、基本的には種であるが、日常的に交配によって遺伝子を子に引き継ぐことのできる種内の集団を扱う場合も多い。このような場合に「地域個体群」という呼び方をすることが多く、本書のなかでも地域個体群という用語を用いている。絶滅を地域的に取り扱うときの地域の大きさは、種によって様々に異なっている。

　個体群が成立することが可能な空間は環境条件によって限られており、これを生育可能なパッチと呼ぶ。生育可能なパッチには局地個体群（局所的個体群）が常に存在しているのではなく、局地個体群がまだ存在しない空きパッチや局地個体群が絶滅した空きパッチもある。局地個体群は健全な繁殖が可能な

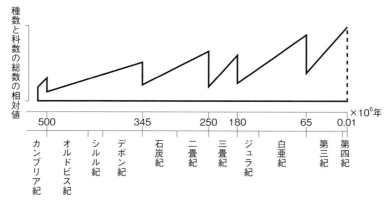

図 1-2　地質年代に生じた 5 回の大量絶滅
現在進行中の第六の絶滅は自然要因ではなく人類に原因があることと、次代の生物の進化がみられないことに特色がある
出典：『生態工学』p.11 の図 1.3

　環境に恵まれて持続的に存続できるソース個体群と、環境条件に恵まれずソース個体群からの移入で一時的に維持されるシンク個体群に分けられる。個体群の地域絶滅とは、局地個体群の絶滅のことであり、生育可能なパッチの消滅や生育可能なパッチにおける局地個体群の絶滅を指す。
　生きものは工場製品とは異なって均一ではなく、類似性の大きなまとまりはあるものの、個体ごとに少しずつ異なる遺伝子を持っている。仮に科学技術が進歩して、標本から遺伝子を抽出してクローンを再生することが可能になったとしても、集団としての変異を再現することはできないので、遺伝的な変異を持った十分な数の個体を保全しなければならないと考えられる。

1.3　レッドデータブックとレッドリスト

　危機にさらされている生きものの現状を示す資料にはレッドデータブックとレッドリストがある（**表 1-1**）。レッドデータブックは絶滅のおそれのある動物および植物に、絶滅のおそれに基づくランクを付けて、種ごとにデータを記載しまとめたもので、1966 年に IUCN（国際自然保護連合）が初めて発行した。この図書の表紙が危機を表す赤色であったことから、レッドデータブックや

表1-1 レッドデータブックおよびレッドリストの発行の歴史

1966年	IUCNが初のレッドデータブック発行
1986年	IUCNが初のレッドリスト発行
	1988年、1990年、1994年、1996年、2000年、2004年続版
	2006年以降は毎年更新
1989年	日本自然保護協会とWWFジャパンが『我が国における保護上重要な植物種の現状』を発行
1991年	環境庁（現、環境省）が初めての日本のレッドデータブックを発行

　レッドリストと呼ばれるようになった。レッドリストはもともと、IUCNとWCMC（世界自然保護モニタリングセンター）が、絶滅のおそれがある種、個体数が減少している種にランク付けして、リスト形式でまとめたものである。

　わが国では、1989年に日本自然保護協会とWWFジャパンが植物版レッドデータブック『我が国における保護上重要な植物種の現状』を発行し、植物減少の要因や、各地方の様々な自然環境の現状と保護の必要性を提示した。環境省では、日本に生息する野生生物について、生物学的な観点から個々の種の絶滅の危険度を評価し、レッドリストとしてまとめている。動物については、哺乳類、鳥類、両生類、爬虫類、汽水・淡水魚類、昆虫類、陸・淡水産貝類、その他無脊椎動物の分類群ごとに、植物については、維管束植物、蘚苔類、藻類、地衣類、菌類の分類群ごとに作成される。全体的な見直しは概ね5年ごとに行われる。

　絶滅危惧のカテゴリー（ランク）分類は、IUCNによって始められた**図1-3**に示すものと、それをもとにして日本の環境省が作成した**表1-2**に示すものがある。この**表1-2**において、絶滅（EX）とはわが国ではすでに絶滅したと考えられる種で2019年には110種あり、野生絶滅（EW）とは飼育・栽培下でのみ存続している種で14種ある。絶滅危惧種とは、広義には絶滅が危惧される種のことであるが、狭義にはこの**表1-2**のなかの絶滅危惧種のことであり、絶滅危惧Ⅰ類（CR＋EN）［絶滅危惧ⅠA類（CR）とⅠB類（EN）］と絶滅危惧Ⅱ類（VU）のことである。絶滅危惧ⅠA類（CR）とはごく近い将来における野生での絶滅の危険性が極めて高いもの、絶滅危惧ⅠB類（EN）とはⅠA類ほどではないが、近い将来における野生での絶滅の危険性が高いも

1.3 レッドデータブックとレッドリスト

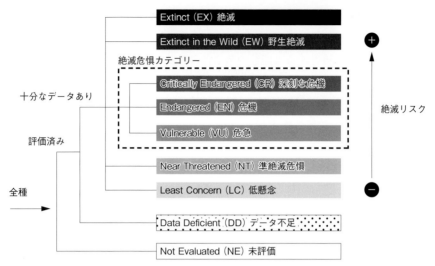

図 1-3　IUCN による絶滅危惧のカテゴリー分類
出典：IUCN（2001）

表 1-2　環境省版レッドリストにおけるカテゴリー（ランク）の概要

カテゴリー（ランク）		略称	概　要
絶滅		EX	我が国ではすでに絶滅したと考えられる種
野生絶滅		EW	飼育・栽培下、あるいは自然分布域の明らかに外側で野生化した状態でのみ存続している種
絶滅危惧種	絶滅危惧Ⅰ類	CR＋EN	絶滅の危機に瀕している種
	絶滅危惧ⅠA類	CR	ごく近い将来における野生での絶滅の危険性が極めて高いもの
	絶滅危惧ⅠB類	EN	ⅠA類ほどではないが、近い将来における野生での絶滅の危険性が高いもの
	絶滅危惧Ⅱ類	VU	絶滅の危険が増大している種
準絶滅危惧		NT	現時点での絶滅危険度は小さいが、生息条件の変化によっては「絶滅危惧」に移行する可能性のある種
情報不足		DD	評価するだけの情報が不足している種
絶滅のおそれのある地域個体群		LP	地域的に孤立している個体群で、絶滅のおそれが高いもの

11

の、絶滅危惧Ⅱ類（VU）とは絶滅の危険が増大している種、また準絶滅危惧種（NT）とは、現時点での絶滅危険度は小さいが、生息条件の変化によっては「絶滅危惧」に移行する可能性のある種のことである。

レッドリストにおけるカテゴリーは、IUCNにより1994年から数値データを用いて計算された絶滅確率に基づいた客観的な基準が導入された。2001年にIUCNが新たな数値基準を採用した「IUCNレッドリストカテゴリーと基準」を発行したことを受けて、日本では第3次レッドリスト作成時にカテゴリーの判定基準の一部変更を行った。

数値基準による評価が可能となるようなデータが得られない種も多いことから、カテゴリーの判定には、「定性的要件」と「定量的要件（数値基準）」が併用されている。定性的要件は例えば、絶滅危惧Ⅰ類①基準では「既知のすべての個体群で、危機的な水準にまで減少している」であり、定量的要件は例えば、絶滅危惧ⅠA類D基準では「成熟個体数が50未満であると推定される個体群である場合」である。詳細は、「環境省レッドリストカテゴリーと判定基準（2019）」を参照されたい。

1.4　絶滅の原因

絶滅の原因は人間活動によるものであるから、多様に捉えられており、地球レベルでみると、IUCN（2010）では、生息・生育地の消失と質の低下、侵略的外来種の導入、自然資源の過剰利用、汚染と病気、人為的な気候変動が挙げられている。

種の多様性は生物多様性の重要な部分であり、種の絶滅の原因と生物多様性の危機の原因の多くは重なっていると考えられる。生物多様性国家戦略2010では、日本の生物多様性の危機をもたらしている四つの人為的営為（インパクト）を挙げている。

① 開発や乱獲および生息・生育地の減少というインパクトは、鑑賞や商業利用のための乱獲・過剰な採取や埋め立てなどの開発によって生息環境を悪化・破壊するなど、人間活動が絶滅を引き起こしている。
② 里地里山などの人為によって維持されてきた自然は、手入れ不足がインパ

クトになり、自然の質の低下をもたらしている。二次林や採草地が利用されなくなったことで生態系のバランスが崩れ、里地里山の動植物が絶滅の危機にさらされているとともに、シカやイノシシなどの個体数増加も絶滅の原因となっている。

③外来種や化学物質などを外部から持ち込むことによる生態系の撹乱のインパクトは、外来種が在来種を捕食したり、生息場所を奪ったり、交雑して遺伝的な撹乱をもたらしたりしており、化学物質のなかには動植物への毒性を持つものがあり、それらが絶滅の原因となっている。

④地球環境の変化のインパクトの代表は地球温暖化であり、気候の変動が絶滅の原因となる。

　レッドデータブックやレッドリストの解析によって、絶滅と生育環境の関連性を明らかにすることができる。水湿地、海辺、草地、岩石地、森林の五つの環境を比較した藤井（1999）によれば、森林環境、水湿地環境、草地環境がレッドリスト掲載種の生育環境として大きな割合を占めていた。「絶滅」、「絶滅した可能性が高い」もしくは「絶滅寸前」と判定された種類数の合計がレッドリストの掲載種数に占める割合（高危険度率）を比較したところ、水湿地環境と草地環境で高く、森林環境と岩石地環境で低かった。このことは、水湿地環境と草地環境に生育する種類が、森林環境や岩石地環境に比べてはるかに高い絶滅の危険にさらされていることを意味している。環境を細分してみると、高危険度率が特に高いのは、水域、水田、カヤ草地の三つであり、水域には灌漑用のため池や水路を含むので、水田とカヤ草地とともに、とりわけ強い人為によって維持されてきた二次的自然環境であった。いずれの生育環境においても、絶滅危惧植物の種数が多い（藤井，1999）。兼子ほか（2009）によれば、草地、海辺、湿地環境の単位面積当たりの絶滅危惧植物の種数が、他の生育環境に比べて多い。狭くて単位面積当たりの絶滅危惧種数の多い生育環境は少ない投資で保全が可能であるので、効果的な保全が可能である（兼子ほか，2009）。

〔倉本　宣〕

[引用文献]

藤井伸二（1999）絶滅危惧植物の生育環境に関する考察．保全生態学研究 4: 57-69.

IUCN（2001）IUCN Red List Categories and Criteria（矢原徹一・金子与止男 訳「IUCN レッドリストカテゴリーと基準」），39pp.
亀山　章（2002）生態工学．朝倉書店，168pp.
兼子伸吾・太田陽子・白川勝信・井上雅仁・堤道生・渡邊園子・佐久間智子・高橋佳孝（2009）中国 5 県の RDB を用いた絶滅危惧植物における生育環境の重要性評価の試み．保全生態学研究 14: 119-123.
環境省「いきものログ」（生物情報収集・提供システム）レッドデータブック・レッドリストの概要
　　https://ikilog.biodic.go.jp/Rdb/　　（2019 年 2 月確認）
環境省レッドリストカテゴリーと判定基準（2019）
　　https://www.env.go.jp/press/files/jp/110618.pdf　　（2019 年 2 月確認）
Oxford University Museum of Natural History: The Oxford dodo
　　http://www.oum.ox.ac.uk/learning/htmls/dodo.htm　　（2019 年 2 月確認）

絶滅危惧種の保全と遺伝的多様性

2.1　生存と進化の基盤としての遺伝的多様性

　生物多様性は階層構造を有しており、スケールの大きなものから順に、生態系、種、遺伝子の多様性として認識できる。そのうち、遺伝子の多様性（以下、遺伝的多様性：genetic diversity）は、最もミクロなレベルに位置しており、一般に、私たちが直接見たり、触れたりすることが難しい。遺伝的多様性とは、一つの種のなかに存在する遺伝的な多様性を意味している（小池・松井，2003）。

　遺伝的多様性は、私たちが野生生物と共存し、自然の恩恵を末永く享受していくうえで必要不可欠な概念となっている。その理由は次のようにまとめられる。まず、遺伝的多様性の豊かな種は、環境の変化に適応しやすいと考えられている（Frankham *et al.*, 2002）。これまでに経験したことのないような環境の急激な変化があったとしても、種内に様々な遺伝的特徴を持ったものが存在していれば、そのうち最も環境に適応したものが生き残り、子孫を残していくことができる。一つの種のなかに遺伝的な差異が存在していることは、新たな環境への適応能力を高め、絶滅リスクを下げる効果がある。

　次に、種内の遺伝的多様性が高く保たれると、近交弱勢（inbreeding depression）を抑制できるという利点がある。近交弱勢とは、血縁関係にある生物個体どうしが交配（近親交配）を繰り返すことにより、有害な遺伝子が蓄積され、生存・繁殖能力の低い個体が生まれる現象である（Frankham *et al.*,

2002)。

　遺伝的多様性が高く保たれることは、私たち人間が生物を資源として利用していくうえでも重要である。例えばカエデ属の樹木は、日本人にとって身近な植物である。この園芸品種は江戸時代にはすでに200以上存在した（Vertrees, 2001）。その中心は、オオモミジやイロハモミジといった種であったが、葉形、葉色、樹形など、これらの種の持つ様々な変異が、わが国特有の造園文化に寄与したことは言うまでもない。種が本来持つ遺伝的変異を失わないことは、資源利用の選択肢を広げ、私たちの生活や文化を豊かにしていくうえで大切である。

　遺伝的多様性は、多くの学術的価値を生み出す存在でもある。その最もわかりやすい例は、進化生物学であろう。野生生物の細胞内に存在する莫大な遺伝情報を保全することは、そこに秘められている生物の進化の歴史、すなわち、生物多様性が生み出されてきた歴史をひもとく重要な情報源と言える。

　このことは同時に、遺伝的多様性が、生物が未来に向かって進化を続けていくためのかけがえのない基盤であることを意味している。一方、壮大な生命の歴史のダイナミクスのなかで、私たち人間が不用意にそれを減少させることは、進化の道筋を歪曲させてしまうことに等しい。遺伝的多様性について理解を深め、できるだけ保全していこうとする取り組みは、生物進化のプロセスに畏敬の気持ちと責任を持つという意味も有している。

2.2　遺伝的多様性を調べるためのアプローチ

2.2.1　表現型

　遺伝的多様性を把握するための手法には様々なものがある。最も簡単な方法は表現型の比較である。例えば、日本の温帯林を代表する落葉樹であるブナの葉は、北にいくほど大きくなることが知られている（萩原, 1977）。この特徴は、同じ圃場で異なる産地の苗を生育させても保持されるので（橋詰ほか, 1997）、遺伝的に固定化された形質と言ってよい。表現型の種内変異は、環境や他の生物との関係性のなかで、自然淘汰を強く受ける形質である。

2.2.2 染色体

真核生物は普通、その種に固有の染色体の数と形態を持っている（梅原・松田，2003）。染色体は、細胞内の核のなかに存在するため、この変異から認識される遺伝的なタイプを「核型」と呼ぶ。また、染色体の数やかたちによる違いのことを「染色体多型」と呼ぶ。普通、核型の異なる個体どうしは有性生殖の際、染色体の対合がうまくいかず、繁殖できない、もしくはF1世代の適応度が低下するなどの現象がみられる。倍数化は、菌類、動物、植物のいずれでも観察され、倍数化したものが基本型と異なる形質を示すことも報告されている（Selmecki et al., 2015）。

2.2.3 タンパク質

高等生物の体は無数のタンパク質から構成されており、タンパク質レベルの多様性の調査手法として代表的なものにアロザイム分析（またはアイソザイム分析）がある（津村，2001；松井，2003）。これは、特定の酵素タンパク質の変異を電気泳動法によって検出する手法である。酵素のなかには、同じ機能を持ちながらも、それを規定する遺伝子座（塩基配列を持つ特定の領域）が異なることによって、アミノ酸の配列に違いが生じているものがある。これらのアミノ酸は種類によって荷電状態が異なるため、電気泳動をするとその違いがゲル中の泳動速度の差となってあらわれる。この差を見出すことによって、遺伝的な違いが検出される仕組みである。

それぞれのパターンの違い、すなわち酵素の変異型のことをアロザイムと呼ぶ。また、異なった遺伝子座にあって、同一の機能や基質の特異性を持つ酵素群のことをアイソザイムと呼ぶ。各アイソザイムが持つアミノ酸配列の違いは中立的で、自然淘汰を受けない。

アロザイム分析は1960年代より利用が始まり、以後、多くの生物の遺伝的なパターンが調べられた。この分析手法による研究成果は大きく、例えば、自殖性の植物は他殖性の植物に比べて遺伝的多様性が低いこと（Hamrick et al., 1991）など、今日の遺伝的多様性研究の基礎となる事項が明らかにされている。

2.2.4 DNA

　酵素タンパク質を規定するDNA塩基配列そのものを調べる手法が、1990年代以降、急速に広まった。それは、PCR（Polymerase Chain Reaction; Mullis and Faloona, 1987）と呼ばれる技術を用いて、塩基配列のある特定の部位のみを化学反応で増幅させ、シーケンサーという機械で増幅させた部分の配列を読み取るというものである。これをサンガー法、もしくはダイレクトシーケンス法などと呼ぶ。

　アミノ酸を規定する塩基配列の部分をコード領域と呼ぶ。高等生物のDNAのうち、コード領域は非常に限られており、ヒトゲノムの場合、約30億塩基対のうち、アミノ酸の規定にかかわる領域は約1.5%である。それ以外のDNAの配列は「非コード領域」、もしくは「ジャンクDNA」などと呼ばれる。

　核内のDNAは父・母親由来の染色体が1本ずつ対合して構成されているため、両方の親の遺伝情報が半分ずつ継承される。これを両性遺伝という。一方、ミトコンドリアDNAや葉緑体DNAは、基本的に母親の持つ遺伝情報のみを継承する。これを母性遺伝という。例外はマツ類などの裸子植物で、ミトコンドリアは母性遺伝であるのに対し、葉緑体は父性遺伝である（Neale and Sederoff, 1989）。コード領域はアミノ酸を規定するため、自然淘汰の影響を受ける。したがって、環境に適応しない塩基配列は、突然変異によってそれが生まれたとしても、種内からじきに失われていく。その結果、コード領域の遺伝的多様性は比較的小さなものとなっている。

　一方、非コード領域の塩基配列は、アミノ酸を規定していないので、自然淘汰の影響を受けない。したがって、突然変異が起こった場合、それが次の世代へと継承される中立な塩基配列である（木村, 1988）。非コード領域は、コード領域に比べると、圧倒的に塩基配列の変異が見出しやすい。そのため、遺伝的多様性の解析では、この非コード領域を解析する方法が多く採用されている。特に、ミトコンドリアDNAや葉緑体DNAは、それぞれ動物、植物を対象として多く解析されており、500〜10,000塩基対程度の領域をダイレクトシーケンス法によって解読した成果が蓄積されている。これらは片親から受け継がれる遺伝情報であるため、配列は1種類のみである。その配列に基づいて認識される遺伝子型のことをハプロタイプ（haplotype）と呼ぶ。こうしたハ

2.2 遺伝的多様性を調べるためのアプローチ

表 2-1 わが国の動植物種を対象とした地理的遺伝構造や遺伝的多様性の解析例

種　名	出　典	内　容
ブナ	Hiraoka and Tomaru (2009)	核 DNA の SSR 解析により、日本海側と太平洋側とで遺伝的な分化があること、また葉緑体 DNA に基づく結果と類似の構造であることなどを示す。
マメナシ	Kato et al. (2013)	葉緑体 DNA ハプロタイプと核 DNA の SSR 解析の結果から六つの集団遺伝構造を検出する。
シマホルトノキ	Sugai et al. (2013)	核 DNA の SSR 解析により父島と母島とで明瞭な遺伝的分化があること、またハビタットの環境の違いからも分化が起こっていることを示す。
ミカワバイケイソウ、シラタマホシクサ他	Saeki et al. (2015)	葉緑体 DNA のハプロタイプの分布を解析し、それらが明瞭な地理的構造を持つことを示す。さらに複数種でメタ解析を行い、共通の遺伝構造を検出する。
シモツケコウホネ	Shiga et al. (2017)	核 DNA の SSR 解析により残存集団内の遺伝的多様性が低いことなどを示す。
ゲンジボタル	Suzuki et al. (2002)	ミトコンドリア DNA ハプロタイプの分布から、明瞭な地域系統があること、また発光間隔の違いと系統のまとまりが一致していることなどを示す。
メダカ類	Takehana et al. (2003)	ミトコンドリア DNA のハプロタイプの分布から、北日本と南日本の集団に分化していることを示す。キタノメダカとミナミメダカの 2 種に区別する根拠の一つとなる。
ヤマネ	Yasuda et al. (2007)	ミトコンドリア DNA を解析し、国内の個体は六つの地域系統に分化していることを示す。
ヤンバルクイナ	Ozaki et al. (2010)	177 個体を対象にミトコンドリア DNA の解析を行い 6 種類のハプロタイプを検出する。
アカガシラカラスバト	Ando et al. (2014)	小笠原諸島と火山列島の野生集団について、ミトコンドリア DNA と核 DNA を解析し、遺伝的多様性が非常に低いこと、両地域の遺伝的な違いが小さいことを示す。

プロタイプは、個体群の地理的分布や起源によって異なることが多く、種内の遺伝的多様性のまとまりを調べるのに有効である（**表 2-1**）。

　野生生物の DNA レベルの遺伝的多様性を調べる手法としてよく利用されて

いるものに、マイクロサテライト分析法、別名SSR（Simple Sequence Repeat）法がある。これは、DNA塩基配列全体の数％に含まれているマイクロサテライトと呼ばれる領域をターゲットとして配列の違いを調べる手法である。マイクロサテライトとは、ACACACACACAC、CTTCTTCTTCTTCTTCTTCTT、など2～4種類の塩基のセットが繰り返し連なっているDNA領域のことである。このような場所はDNAが複製される際にミスコピーが起こりやすく、繰り返しの数に変化が生じやすい。

この手法のよいところは、マイクロサテライトの変異量が豊富であるため、複数の変異部位（すなわち遺伝子座）の情報を組み合わせることで、個体識別が可能なほど解像度の高い遺伝情報を得られることである。複数のマイクロサテライト領域の情報を組み合わせると、親子判定（父親、母親個体の推定）や、クローン識別なども行うことができる。

2.3　遺伝的多様性の情報を用いた絶滅危惧種の保全

2.3.1　保全対象となる分類群の識別

遺伝的多様性の情報を用いて生物多様性を保全していこうという取り組みが広がっている。本節では、特に絶滅危惧種の保全にかかわるものについて、目的別に紹介する。

野生生物のなかには、形や色といった形態の観察だけでは識別できない種群が存在する。これを隠蔽種（cryptic species）と呼ぶ。対象とする生物群に隠蔽種が含まれていた場合、遺伝子レベルの違いを把握することによって、別種かどうかを見分けることができる。

ニュージーランドに生息するムカシトカゲ類は、もともと一つの種として絶滅危惧種に指定されていた。しかし、分布域を網羅するように個体を採集し、アロザイム分析を行ったところ、三つの遺伝的なグループに分かれることが明らかになった（Daugherty et al., 1990）。このうち1グループは、検出された遺伝子型の組成が他の2グループに比べて著しく異なり、別種といってよいほどに分化していた。

ハナノキは、中部地方の湿地にのみ生育する日本固有の絶滅危惧植物であ

る。北米大陸には、アメリカハナノキという姉妹種があり、特に南部の個体は葉の形が日本のハナノキと類似している。国内で園芸用に流通しているハナノキのなかにアメリカハナノキが混在していることがあるが、両者は葉緑体DNAの配列が異なるため、これを調べることで識別することができる（佐伯ほか，2016）。形態の類似した移入個体や、雑種個体を遺伝子解析によって見分ける手法は広がってきており、在来系統の保全という観点から重要なツールとなっている。

2.3.2 分断化の影響の把握

　人間活動の増大により、ハビタットが分断化され、野生生物の移動や繁殖が阻害される現象が起きている。分断化の影響は対象生物の動きをフィールドで観察することによっても把握できるが、かなりの時間と労力がかかることがある。そこで、分断化の影響が想定される個体群の遺伝的な多様性を調べ、遺伝子流動（gene flow）が阻害されているかどうかを調べるアプローチが利用されている。Tamura and Hayashi（2007）は、山梨県において分断化された森林とそうでない森林とで、ニホンリスのミトコンドリアDNAの多様性を調べた。その結果、分断化された森林では検出されるハプロタイプの数が少なく、遺伝的な多様性が低いことが示された。

　遺伝的多様性の情報と、ハビタットの空間特性の情報とを結びつけ、新たな知見を得ようとする学問領域を景観遺伝学（landscape genetics）と呼ぶ（Manel, 2003）。野生生物の遺伝的多様性は、生息地の面積、形、連続性などから強い影響を受けている。景観遺伝学の分野では、それらの関係性を定量化することで、分断化の影響を把握し、コリドーや新たなハビタットの復元・創出につなげようという取り組みが進められている。

　分断化の影響は、基本的に、任意のハビタット間における遺伝的な類似性と、移動や繁殖を妨げる障壁要素の強さとの関係によって定量化される。遺伝的な類似性は、個体の持つ遺伝子型の種類や頻度をもとにし、遺伝距離の値で計算される。この距離は、任意の個体群間での遺伝子型の種類や頻度が異なるほど大きくなる。一方、障壁の強さは、抵抗距離という概念であらわされる。これは、地点間において、移動や繁殖に不適な空間（非ハビタット）や道路な

どのバリアーが多くなるほど増加する。遺伝距離と抵抗距離との相関が強い場合は、非ハビタットが遺伝子流動を阻害している可能性がある。

クロビイタヤは、河川沿いの湿地を中心に生育するカエデの仲間の絶滅危惧種で、環境省レッドリストでは絶滅危惧Ⅱ類（VU）とされている。Saeki *et al.* (2018) は、マイクロサテライト解析を用いて、各個体群の遺伝距離と抵抗距離との相関を調べたところ、森林の開発が進んでいる地域ほど、遺伝子流動が阻害されていることが示唆された。遺伝的多様性と景観特性との関係をみる方法には様々なものが考案されており（例えば、Adriaensen *et al.*, 2003; McRae, 2006）、こうしたアプローチがハビタットの復元・創出に活用されていくことが期待される。

2.3.3 遺伝的撹乱の防止

ある場所に、もともと生息していなかった生物個体が人為的に持ち込まれ、在来個体群と交雑を行うことによって、在来個体群が有していた遺伝的特徴を変化させることを遺伝的撹乱（または遺伝子撹乱）と呼ぶ（小林・倉本, 2006；津村, 2008）。遺伝的撹乱は、進化の過程で培われた在来個体群の遺伝的な多様性や固有性を変化させる現象として懸念されている。例えば河川に生息するアマゴは、全国規模の移殖放流の結果、在来個体群と移入個体群が交雑し、遺伝子構成に変化が起こっている（河村, 2015）。遺伝的撹乱は、遠交弱勢（または異系交配弱勢；outbreeding depression）を起こす可能性も指摘されている（津村, 2008）。

遠交弱勢とは、遺伝的に異なる特性を持つ個体（異系個体）どうしが交配をした際、その雑種に有害な影響が出る現象である。これは、すべての異系交配で起こるわけではないが、例えば二つの系統がそれぞれ異なった環境に適応していた場合、その雑種がどちらにも適応できない性質を持って生まれることなどが想定される（Frankham *et al.*, 2002）。

こうした問題がある一方で、私たちの社会では、生物を人為的に移動しなければならないことがある。造園や緑化の現場では、市販の苗木や種子を人為的に導入することがほとんどであり、食料や木材、魚介類などの生産においても播種、植栽、放流などが行われている。第二部第 7 章で述べる生息域外保全個

体を再導入する場合も同様である。

　これらの活動は、遺伝的多様性にできるだけ配慮したものとなるよう工夫していくことが求められている（亀山ほか，2002；小林・倉本，2006）。例えばある生物が、分布域の西側と東側とで大きくハプロタイプの組成が異なっているような場合には、その境に遺伝的な不連続性をもたらす自然要因がある可能性があり、それを超えた移動や交配を行わないとする措置が考えられる。このような考え方を礎としたものに、進化的重要単位（ESU; Evolutionary Significant Unit）や管理単位（MU; Management Unit）がある。これは、種内に顕著な遺伝的まとまりがあった場合、それぞれを単位（ユニット）として認識し、ユニットをまたぐ個体の移動や交配は行わないとする考え方である。どれぐらい異なっていればユニットに区切るのかという点は、専門家でも意見が分かれるところであるが、Moritz (1994) は、ESU の定義として「オルガネラ DNA において単系統のまとまりを持ち、核 DNA の遺伝子型の組成に顕著な違いがみられること」、MU の定義として「オルガネラ DNA においてハプロタイプの種類や頻度が明らかに異なること」などを提案している。Crandall *et al.* (2000) は、この定義に疑問を呈し、遺伝的分化および生態的な分化の度合いと、それらが自然に形成されたものか、人為による近年のものかによって管理方法を決めることを主張している。

　絶滅危惧種については、まず対象種が持つ生態の違いや、遺伝的な変異のパターンを知り、そこから類推して明らかに遺伝的撹乱をもたらすような移動や交配は行わない、とするのが原則である。

2.4　今後の展望

　野生生物の遺伝的多様性の情報は、今後、ますます蓄積されていくと思われる。しかし遺伝的多様性は、基本的に一定の実験機器を備えた施設でしか調べることができず、市民が日々の保全活動のなかで自主的にデータを得ていくことは難しい。このことから、遺伝的多様性の情報は、できるだけわかりやすく、誰もがアクセスしやすい形で公開されていくことが望ましい。特に絶滅危惧種については、遺伝的データを扱う研究者と保全関係者とが密に連携し、情

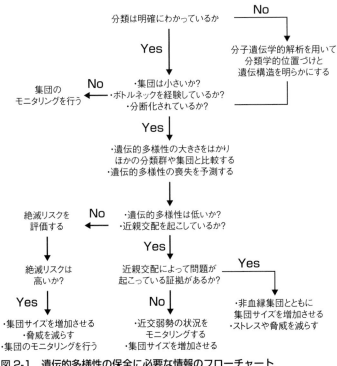

図 2-1　遺伝的多様性の保全に必要な情報のフローチャート
出典：Frankham *et al.*（2010）

報を共有し合うことが大切である。

　本章で紹介したダイレクトシーケンス法やマイクロサテライト解析は、多くの場合、アミノ酸の規定に関与しない塩基配列を対象としている。こうした中立的な DNA が、個体の表現型や適応度とどのような関係にあるのかについては未解明な部分が多く、今後の研究が待たれる。そのようななか、次世代シーケンサーを用いて大容量の遺伝子データを取り扱う技術や、環境 DNA とよばれる環境中の生物痕跡を解析する技術などが進歩しており（井鷺・陶山，2013；東樹，2016）、生物多様性の保全に関する成果も増えていくことが期待される。

　一方で、技術が進めば進むほど、遺伝的多様性の情報は膨大になり、それらを整理して効率的に保全に活かしていく仕組みづくりが必要と考えられる。**図**

2-1は、Frankham *et al.*（2010）によって提案された保全方針決定のためのフローチャートであり、保全対象種の特徴や、利用できる遺伝的多様性の情報量によって、調査の優先順位がわかるようになっている。例えば、「分類は明確か」、「小集団か」といった質問に答えてチャートをたどっていくと、状況に応じた保全目標に行き着くことができる。技術の発展とともに、遺伝的多様性のデータと保全の現場とをつなぐ意思決定支援のあり方についても、議論が進むことが望まれる。

〔佐伯いく代〕

[引用文献]

Adriaensen, F., Chardon, J. P., De Blust, G., Swinnen, E., Villalba, S., Gulinck, H. and Matthysen, E. (2003) The application of 'least-cost' modelling as a functional landscape model. *Landscape and Urban Planning* **64**: 233-247.

Ando, H., Ogawa, H., Kaneko, S., Takano, H., Seki, S.-I., Suzuki, H., Horikoshi, K. *et al.* (2014) Genetic structure of the critically endangered Red-headed Wood Pigeon Columba janthina nitens and its implications for the management of threatened island populations. *Ibis* **156**: 153-164.

Crandall, K. A., Bininda-Emonds, O. R. P., Mace, G. M. and Wayne, R. K. (2000) Considering evolutionary processes in conservation biology. *Trends in Ecology & Evolution* **15**: 290-295.

Daugherty, C. H., Cree, A., Hay, J. M. and Thompson, M. B. (1990) Neglected taxonomy and continuing extinctions of tuatara (Sphenodon). *Nature* **347**: 177-179.

Dolezel, J. (1997) Application of flow cytometry for the study of plant genomes. *Journal of Applied Genetics* **38**: 285-302.

Frankham, R., Ballou, J. D. and Briscoe, D. A. (2002) Introduction to Conservation Genetics. Cambridge, Cambridge University Press.

Frankham, R., Ballou, J. D. and Briscoe, D. A. (2010) Introduction to Conservation Genetics 2nd Edition. Cambridge, Cambridge University Press.

萩原信介（1977）ブナにみられる葉面積のクラインについて．種生物学研究 **1**: 39-51.

Hamrick, J. L., Godt, M. J. W., Murawski, D. A. and Loveless, M. D. (1991) Correlations between species traits and allozyme diversity: Implications for conservation biology. *In*: Genetics and Conservation of Rare Plants (eds. Falk, D. A. and Holsinger, K. E.), pp.75-86, Oxford University Press, New York.

橋詰隼人・李　廷鎬・山本福寿（1997）ブナ造林木の葉形の産地間差異．森林応用研究 **6**: 115-118.

Hiraoka, K. and Tomaru, N. (2009) Genetic divergence in nuclear genomes between populations of Fagus crenata along the Japan Sea and Pacific sides of Japan. *Journal of Plant Research* **122**: 269-282.

井鷺裕司・陶山佳久（2013）生態学者が書いたDNAの本―メンデルの法則から遺伝情報の読み方まで．文一総合出版，200pp．

亀山　章・倉本　宣・小板橋延弘・小林達明・中野裕司・則久雅司・藤原宣夫・森本幸裕・山田一雄（2002）生物多様性保全のための緑化植物の取り扱い方に関する提言（＜特集＞「生物多様性に配慮した緑化」）．日本緑化工学会誌 **27**: 481-491.

Kato, S., Imai, A., Rie, N. and Mukai, Y.（2013）Population genetic structure in a threatened tree, *Pyrus calleryana* var. *dimorphophylla* revealed by chloroplast DNA and nuclear SSR locus polymorphisms. *Conservation Genetics* **14**: 983-996.

河村　功（2015）交雑がもたらす遺伝子汚染の実態：雑種に隠された危険性（特集 国内外来種問題：遺伝子交雑と種の問題）．生物の科学 遺伝 **69**: 116-122.

木村資生（1988）生物進化を考える．岩波書店，290pp．

小林達明・倉本　宣編（2006）生物多様性緑化ハンドブック．地人書館，340pp．

小池裕子・松井正文（2003）生物多様性と保全遺伝学．「保全遺伝学」（小池裕子・松井正文編），東京大学出版会，pp.3-18.

Manel, S., Schwartz, M. K., Luikart, G. and Taberlet, P.（2003）Landscape genetics: combining landscape ecology and population genetics. *Trends in Ecology & Evolution* **18**: 189-197.

松井正文（2003）タンパク質レベルの研究法．「保全遺伝学」（小池裕子・松井正文 編），東京大学出版会，pp.92-103.

McRae, B. H.（2006）Isolation by resistance. *Evolution* **60**: 1551-1561.

Moritz, C.（1994）Defining Evolutionarily-Significant-Units for Conservation. *Trends in Ecology & Evolution* **9**: 373-375.

Mullis, K. B. and Faloona, F. A.（1987）[21] Specific synthesis of DNA in vitro via a polymerase-catalyzed chain reaction. *In*: Methods in Enzymology, pp.335-350, Academic Press.

Neale, D. B. and Sederoff, R. R.（1989）Paternal inheritance of chloroplast DNA and maternal inheritance of mitochondrial DNA in loblolly pine. *Theoretical and Applied Genetics* **77**: 212-216.

Ozaki, K., Yamamoto, Y. and Yamagishi, S.（2010）Genetic diversity and phylogeny of the endangered Okinawa Rail, *Gallirallus okinawae*. *Genes & Genetic Systems* **85**: 55-63.

佐伯いく代・早川武宏・酒井千裕・平泉智子・村上哲明（2016）名古屋市東山植物園における絶滅危惧植物ハナノキの生息域外保全活動―保存個体の遺伝情報の解析―．湿地研究 **6**: 49-55.

Saeki, I., Koike, F. and Murakami, N.（2015）Comparative phylogeography of wetland plants in central Honshu, Japan: evolutionary legacy of ancient refugia. *Botanical Journal of the Linnean Society* **179**: 78-94.

引用文献

Saeki, I., Hirao, A. S., Kenta, T., Nagamitsu, T. and Hiura, T. (2018) Landscape genetics of a threatened maple, Acer miyabei: Implications for restoring riparian forest connectivity. *Biological Conservation* **220**: 299-307.

Selmecki, A. M., Maruvka, Y. E., Richmond, P. A., Guillet, M., Shoresh, N., Sorenson, A. L., De, S. *et al.* (2015) Polyploidy can drive rapid adaptation in yeast. *Nature* **519**: 349-352.

Shiga, T., Yokogawa, M., Kaneko, S. and Isagi, Y. (2017) Genetic diversity and population structure of *Nuphar submersa* (Nymphaeaceae), a critically endangered aquatic plant endemic to Japan, and implications for its conservation. *Journal of Plant Research* **130**: 83-93.

Sugai, K., Setsuko, S., Nagamitsu, T., Murakami, N., Kato, H. and Yoshimaru, H. (2013) Genetic differentiation in *Elaeocarpus photiniifolia* (Elaeocarpaceae) associated with geographic distribution and habitat variation in the Bonin (Ogasawara) Islands. *Journal of Plant Research* **126**: 763-774.

Suzuki, H., Sato, Y. and Ohba, N. (2002) Gene Diversity and Geographic Differentiation in Mitochondrial DNA of the Genji Firefly, *Luciola cruciata* (Coleoptera: Lampyridae). *Molecular Phylogenetics and Evolution* **22**: 193-205.

Takehana, Y., Nagai, N., Matsuda, M., Tsuchiya, K. and Sakaizumi, M. (2003) Geographic Variation and Diversity of the Cytochrome b Gene in Japanese Wild Populations of Medaka, *Oryzias latipes*. *Zoological Science* **20**: 1279-1291.

Tamura, N. and Hayashi, F. (2007) Five-year study of the genetic structure and demography of two subpopulations of the Japanese squirrel (*Sciurus lis*) in a continuous forest and an isolated woodlot. *Ecological Research* **22**: 261-267.

東樹宏和 (2016) DNA情報で生態系を読み解く―環境DNA・大規模群集調査・生態ネットワーク．共立出版，224pp.

津村義彦 (2001) アロザイム実験法．「森の分子生態学」(種生物学会 編)，文一総合出版，pp.183-219.

津村義彦 (2008) 広葉樹の植栽における遺伝子攪乱問題．森林科学 **54**: 26-29.

梅原千鶴子・松田洋一 (2003) 染色体レベルの研究法．「保全遺伝学」(小池裕子・松井正文 編)，東京大学出版会，pp.79-91.

Vertrees, J. D. (2001) Japanese maples. Portland, Timber Press.

Yasuda, S. P., Minato, S., Tsuchiya, K. and Suzuki, H. (2007) Onset of cryptic vicariance in the Japanese dormouse *Glirulus japonicus* (Mammalia, Rodentia) in the Late Tertiary, inferred from mitochondrial and nuclear DNA analysis. *Journal of Zoological Systematics and Evolutionary Research* **45**: 155-162.

第3章 絶滅危惧種の情報整備と利用

　絶滅危惧種の個体数、分布位置、生態などの情報は、その保護や保全を計画するための基本となる情報である。情報がなければ、ある絶滅危惧種の生息地が、開発や利用、管理放棄、あるいは外来種の侵入などによって、気づかれないままに消滅していくことも起こりえる。つまり、情報の整備と利用は、絶滅危惧種を守るための最も基本的な作業である。

　本章では、このような絶滅危惧種にかかわる既存の情報とその利用について概説するとともに、今後の情報整備と利用にかかわる課題を考える。

3.1　絶滅危惧種の情報

　第1章の1.3節で述べられているように、絶滅危惧種については、国内外でレッドリストが整備されている。世界的な絶滅危惧種のレッドリストは IUCN（国際自然保護連合）の種の保存委員会（SSC）と IUCN レッドリストパートナーシップによって作成されている。日本では日本自然保護協会と WWF ジャパンによるリストが1989年に発表されたものが最初であり、その後1991年に環境省によって全国のレッドリスト（絶滅のおそれのある野生生物の種のリスト）が発表され、ほぼ5年ごとに見直しが行われている。

　一方で、地方版のレッドリストは地域性を反映するものとして、主に都道府県によって作成され、現在では国内すべての都道府県においてレッドリストが発表されている。これらのレッドリストについては一般にインターネットで公

開されており、リストの参照のほかダウンロードが可能である。また、詳細な種の情報についてもインターネットで検索可能である場合もあるが、多くの場合は、同時に発行されているレッドデータブックに記載されている。

環境省が提供するレッドリストの検索サイトとしては「いきものログ」（生物情報収集・提供システム）のなかのレッドデータブックおよびレッドリストのページがある。ここでは、環境省の指定種のほか、都道府県の絶滅危惧種も検索可能である。また、NPO法人野生生物調査協会等によって作成されている「日本のレッドデータ検索システム」では、学名のほかキーワードや和名または異名でも検索が可能であり、都道府県別の指定状況の地図が表示される。

これらの検索サイトを利用するうえでの注意事項としては、和名の表記の違いにより検索されない可能性があることがある。その対策としては、対象となる種の科名、属名で絞り込むなどしたうえで、検索結果を確認したり、地域が限定されている場合は、地域と分類群で絞り込み、検索されたリスト全体を確認するなど、丁寧な作業を行うことが求められる。

3.2 生物情報と地理情報（GIS）データ

ある事物の分布情報を地理情報システム（GIS: Geographical Information System）によりデータベース化し、地図として可視化することは、1970年代に始まり、情報機器と技術の進化に伴い、様々な分野に利用されるようになった（Coppock and Rhind, 1991）。さらに21世紀に入ってからは、全地球測位システム（GPS: Global Positioning System）等の衛星測位システムによる位置情報を携帯端末やスマートフォンでも利用可能となり、位置情報を持つ写真の撮影位置を地図で簡単に表示することが可能になるなど、GISは人々の生活に身近なものとなっている。

このような環境のなかで、生物の分布にかかわる地理情報についても、様々な公的機関やNGOなどがその整備や公開を進めている（表3-1）。代表的なものとして、環境省生物多様性センターの生物多様性情報システムJ-IBISには自然環境保全基礎調査をはじめとした各種の調査結果がダウンロード可能であり、インターネットのブラウザで閲覧可能なウェブマップとして公開されて

表 3-1　日本国内の主な生物・地理情報提供サイト

レッドリスト
　IUCN; The IUCN Red List of Threatened Species
　　http://www.iucnredlist.org/
　環境省 生物多様性センター；いきものログ　レッドデータブック・レッドリスト
　　https://ikilog.biodic.go.jp/Rdb/
　NPO法人 野生生物調査協会・NPO法人 Envision 環境保全事務所；日本のレッドデータ検索システム
　　http://jpnrdb.com/

基盤情報（気候・水・土地利用・法規制など）
　国土交通省国土政策局国土情報課；国土調査（土地分類基本調査・水基本調査等）ホームページ
　　http://nrb-www.mlit.go.jp/kokjo/
　国土交通省国土地理院；地理空間情報ライブラリー
　　http://geolib.gsi.go.jp/
　国土交通省国土政策局国土情報課；国土数値情報ダウンロードサービス
　　http://nlftp.mlit.go.jp/ksj/
　産業技術総合研究所・地質調査総合センター；公開データベース、地質図Navi
　　http://www.aist.go.jp/aist_j/aist_repository/riodb/
　　https://gbank.gsj.jp/geonavi/

生物情報 等（pdf・画像等による提供を含む）
　環境省大臣官房環境影響評価課；環境アセスメントデータベース
　　https://www2.env.go.jp/eiadb/ebidbs/
　環境省自然環境局生物多様性センター；生物多様性情報システム　J-IBIS
　　http://www.biodic.go.jp/
　環境省自然環境局；自然環境保全地域
　　https://www.env.go.jp/nature/hozen/
　環境省自然環境局生物多様性センター；いきものログ
　　http://ikilog.biodic.go.jp/
　JBIF（地球規模生物多様性情報機構日本ノード）
　　http://www.gbif.jp/v2/
　国立環境研究所 生物・生態系環境研究センター・JBIF；生物多様性ウェブマッピングシステム（BioWM）
　　http://www.nies.go.jp/biowm/
　国立科学博物館・サイエンスミュージアムネット；自然史標本情報
　　http://science-net.kahaku.go.jp/
　国土交通省；河川環境データベース（河川水辺の国勢調査）
　　http://mizukoku.nilim.go.jp/ksnkankyo/
　コンサベーション・インターナショナル；KBA- 国際基準で選ばれる生物多様性保全の鍵になる地域
　　http://kba.conservation.or.jp/
　バードリサーチほか；全国鳥類繁殖分布調査
　　http://bird-atlas.jp/

クリアリングハウス　等
　国土地理院；地理空間情報クリアリングハウス
　　http://ckan.gsi.go.jp/
　環境省自然環境局生物多様性センター；生物多様性情報クリアリングハウス
　　http://www.biodic.go.jp/chm/

（注）上記サイトおよびURLは、変更、移動、削除される場合もある（2019年1月11日確認）。

いる情報も多い。

　国際的な枠組みでの生物情報としては、地球規模生物多様性情報機構GBIF（Global Biodiversity Information Facility）があり、その日本ノードであるJBIF（Japan Node of GBIF）では、国立遺伝学研究所、東京大学、および国立科学博物館が中心となって日本からの情報提供と、日本国内への情報発信を行っている。また、JBIFに参画する国立環境研究所の提供するBioWM（バイオーム）は、GBIFでのデータ公開と活用等を目的として、オカレンス（観察・採集記録）データの地図化ツールを提供している。JBIFは2007年に構築運用されてから10年以上が経過しており、まだまだ情報の欠落している地域や分類群も多いが、各地の博物館等からの情報提供を中心にしてデータベースの整備が進められている（大澤，2017）。このほか、国土交通省の河川環境情報データベース（河川水辺の国勢調査）、環境省生物多様性センターによる群落調査票による植生調査データベース、バードリサーチが運営する全国鳥類繁殖分布調査など様々な組織が生物の分布データを共有するためのサイトを提供している。

　しかし、絶滅危惧種の分布に限って考えると、その公開対象は限られており、公開されている種についても、容易に入手可能なのは標準2次メッシュ（2万5,000分の1地形図の図郭の範囲に該当）、あるいは市町村名である場合が多い。例えば、生物多様性センターが提供する植生調査データベースにおいては、レッドリストに挙げられた種については2次メッシュ単位での位置表示となっている。同様に、環境省が提供する「環境アセスメントデータベース：EADAS（イーダス）」はアセスメントに活用することを目的とした環境基礎情報として提供され、そのなかには貴重な動植物の生息・生育状況等の情報が2次メッシュ単位で表示されるが、より詳細な位置情報の公開は行われていない。限られた地域内での情報や、個別の分類群については公的機関（都道府県・市町村）や博物館、NGO等が管理している場合もあるが、専門家への紹介が必要であることも多く、その入手は容易ではない。

　確かに、絶滅危惧種のなかには、繁殖の攪乱、違法な捕獲や採取など様々な影響が懸念される種があり、その分布位置を公開することによる危険は極めて大きい。しかし、一方で、生物多様性の保全を計画し対策を進めていくために

は、現在の種の分布情報は必須のものであり、過去の分布情報と併せて、その取得と整備は重要である（天野，2017）。信頼できる主体に限定した絶滅危惧種にかかわる詳細な情報提供と、そのセキュリティの管理は、今後重要な鍵となるであろう。

3.3 データベース整備の今後

20世紀後半、日本では高山や湿原などの希少な生物・生態系については、学術研究が各地で進められ、情報が公開されてきた。それらの対象は自然公園の保護地区などの原生的な自然が保全されてきた場所であった。一方で、里山や里地、あるいは都市の自然については、調査の対象となることは少なく、いわば情報の欠落した地域が存在していた。

1970年代以降は都市郊外や農村における開発が進み、今世紀に入ってからは、防災や再生可能エネルギーの推進を目的に海岸部をはじめ丘陵地や低地の改変や利用が進むなど、様々な地域において、生物の分布情報を知ることが求められている。このような開発に際して行われる環境影響評価などの事前調査のデータには多くの生物情報が含まれており、種の分布情報としては貴重なものと考えられる。さらに、21世紀に入ってからは生物多様性への意識の高まりから、市民やNGO等によって生物の確認情報を記録する活動が各地で始まり、それらの様々な主体から寄せられる分布情報が博物館や行政、自治体あるいはNGOによって集積され、整理されている。また、これらの情報がネット上で共有されるというプラットフォーム（基盤環境）も生まれてきている。

このような生物の分布位置の記録を地図として可視化することは、その種の自然分布の範囲や、生態的な特性を理解するうえで重要な情報であり、時系列での図化は、種、あるいは種群が絶滅危惧種となる潜在的な可能性を表すものとなり得る。しかし、過去に様々な事業やプログラムに際して集められた膨大な情報の大半は、その保存や公開、利用という点において多くの課題があり、埋もれた情報となっていることが多い。このことを大きな社会的な損失と捉え、利用可能なデータとしていくことは、今後の生物情報の整備に大きな役割を果たすと考えられる。

実際には、多様な主体から発信される情報を収集、整理、利用していくにはいくつかの課題がある。データの収集、精度の確保、規格の統一については組織や個人の連携を可能とする枠組みが必須となる。例えばGBIFやJBIFは、国際的な枠組みとして期待されるが、利用を進めていくにあたっては、規格に沿ったデータベースの作成と、その利用を普及する努力が必要となる（大澤・神保，2013）。また、公開にあたっては、一部の絶滅危惧種の分布情報について、その秘匿とセキュリティの管理が重要である。さらに、このようなデータベースの整備と維持における人的および経済的なコストも大きい。これらのデータベースの運営を担う組織の負担は大きく、技術的な課題に対応できる人材を育成することが必要である。

種の分布情報については、生物多様性の保護や保全にかかわる人々からの強い要求があり、情報の充実と同時に、広く提供されることが待たれている。今後、生物の分布情報が、絶滅危惧種の選定と保護のみならず、多様な種の保護のための基礎的な情報として整備され利用されることで、その必要性が広く理解されるきっかけとなることを期待する。　　　　　　　　　　　〔井本郁子〕

[引用文献]

天野達也（2017）保全科学における情報のギャップと3つのアプローチ．保全生態学研究 **22**(1)：5-20.

Coppock, J. T. and Rhind, D. W.（1991）The history of GIS, Geographical information systems: Principles and applications 1.1: 21-43, https://www.wiley.com/legacy/wileychi/gis/volumes.html, ⓒ John Wiley & Sons 1991. Converted to HTML by Jim Harper. Last updated January 16, 2001, 1:30am

大澤剛士（2017）保全科学におけるデータギャップの現状と解消に向けた取り組み．保全生態学研究 **22**(1)：41-53.

大澤剛士・神保宇嗣（2013）ビッグデータ時代の環境科学―生物多様性分野におけるデータベース統合，横断利用の現状と課題―．統計数理 **61**(2)：217-231.

第二部

絶滅危惧種の保全技術

第4章 絶滅危惧種の保全と生態工学

4.1 自然的・半自然的空間を扱う生態工学

　生態工学とは、生きものとの共存を目指して、人と自然の関係を空間的なシステムとして構築する技術学のことである（亀山，2002）。生態系と住宅地建設や道路建設などの建設工学による人工系を調整する「生きもの技術」と呼ぶこともできる。目標となる空間を計画し、整備すなわち具現化するうえでは建設工学的な技術はなくてはならないものであるが、そこに生態系の要素が含まれる場合は、生態系と人工系の調整が極めて重要となり、生態工学による対応が求められる。特に絶滅危惧種の生活の場は、自然の生態系が成立している自然的空間、あるいは農村や都市内の農地の水田・水路や二次林、カヤ場等の半自然生態系が卓越する半自然的空間に含まれることがほとんどであり、これら自然的・半自然的な生態系が存在し、また機能している空間は、生態工学によるシステムの構築を行う必要がある。

　生態工学は、計画、設計、施工、管理といった建設工学の一連の技術体系に加えて、対象となる生物・生態系の事前の調査、分析・評価、保全目標設定、そして供用後の順応的管理も併せ持つ（**図4-1**）。すなわち、自然的・半自然的空間における対象生物の生活史や生物間相互作用についての調査をもとにした計画・設計をすること、また、その生活史に合わせた工程管理を組むこと、モニタリングによる検証と改善を行うことが特徴と言える。

　絶滅危惧種の保全を図るうえでは、その種を構成する個体が生活するなかで

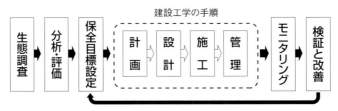

図 4-1　生態工学によるシステム構築の流れ

成長・繁殖し、次世代を残していける生育・生息空間の確保・整備が、何よりも重要となる。それは対象種の生育・生息に適した空間の規模と内容、周囲の立地条件や土地利用のなかでの適正な配置、その空間の過去の来歴や自然的・人為的な撹乱およびインパクトの制御や持続、生物進化上の配慮などの生態学的な視点の有無が、空間の質的な成果を左右する。また、空間整備というハード面のみならず、種や生態系にかかわる法令や国際条約、対象地域の地域計画や土地利用計画、自然環境保全施策の状況、さらには地域における市民団体、NPO、学校、企業等の保全活動も視野に入れながら、対象地域において絶滅危惧種の保全あるいはそのハビタットの修復・復元・創出に最適と考えられる解答を導くことが求められる。

このように、生育・生息空間を確保・整備するうえでは、対象生物の生活史やそのハビタットの特性に応じた形での環境政策・地域計画とのすり合わせや計画への住民の参加と合意形成、順応的管理のための主体育成等も重要となり、これらソフト面の技術も含めた対応が必要となる。

4.2　絶滅危惧種に対する配慮

種が絶滅危惧に至る要因やその過程は様々であるものの、個体数や個体群数、あるいは生育・生息地の箇所数が著しく少ない状況にあるのが絶滅危惧種である。このため、絶滅危惧種は多くの場合、周囲から同種の個体供給が見込めない。すなわち、現在、生育・生息している絶滅危惧種の個体群は、一度失われると再形成が極めて困難な状態にあると言える。生物進化上の地域的な系統レベルにおいて、「代替がきかない存在」であることも意味している。し

がって、その系統が絶えることへの危険を分散させることや、その種についての情報がほとんどないという未知性を前提とした、生態工学による順応的な計画・管理、および関係者や周辺住民の啓発や保全への協力関係の構築といった配慮が求められる。

これまでのわが国での開発等における絶滅危惧種に対する環境保全措置を概観すると、小規模な生育・生息空間の創出や、そこへの個体の移植・移殖が目立っている。これらはいわば「点」としての生育・生息空間の整備であり、また個体の保護でもあり、長期的な保全の視点が必ずしも十分に込められている訳ではない。例えば、ある事業で改変区域内の植物を非改変区域の生育地へ移植する保全措置を想定してみる。しかし、移植先の生育条件が整わずに開花・結実までに至らなければ、この移植は改変区域内の個体のひと時の延命処置にとどまるものとなる。同様に、ある事業で改変区域の近傍に、新たに創出した水域への両生類の卵や幼生の移殖を想定してみる。これも、移殖先の水域の環境条件が合わず移殖後に生存できなかった場合、この移殖は単なる個体の延命処置にとどまると言える。

絶滅危惧種の保全においては、このような個体の延命にとどまる「個体の保護」から、必要な面積と質の伴った「生育・生息空間の整備」へ考え方を改めることが重要である。さらに、「生育・生息空間の整備」が行われたとしても、実施箇所数が極めて少ないなど、その事業により地域におけるハビタットの密度が低くなることや、個体群の分断に対する配慮がなければ、地域全体での保全措置の効果は限定的にならざるを得ない。現存する絶滅危惧種の個体が保持している遺伝情報が次代に渡されること、さらに「生育・生息空間の整備」の量的充実を図ることでハビタットの密度を損なわずに地域の個体群のなかにその遺伝情報が伝わり得る状況を整えること、この二つができてはじめて、地域の個体群の維持とその遺伝的多様性を確保する保全措置になる（**図4-2**）。

このように、絶滅危惧種の保全を図るうえでは、「健全な地域個体群の維持」を上位の保全目標に置いて、その下で個々の必要な保全措置を考えるという姿勢が求められる。近年は、移動路の確保のように個体の移動に伴う遺伝的交流を意識した保全措置の事例も増えてきており、点在する絶滅危惧種の生

第4章　絶滅危惧種の保全と生態工学

個体の保護	生育・生息空間の整備	地域個体群への寄与
○移植・移殖等で比較的容易に実施可能 ●遺伝情報の受け渡しがされないと、単なる個体の延命にとどまる	○生活史を全うできる空間整備により、世代交代も行われる個体群として持続が可能 ●個々の空間整備のみでは、局地個体群として長期的に不安定	○生育・生息空間整備の量的充実により、地域の個体群ネットワークに組み込むことで安定性が向上 ●整備適地の用地確保や管理の継続性に課題が多い

○:長所 ●:短所

図4-2　健全な地域個体群の維持に向けた段階

育・生息地を結ぶことで地域個体群として保全する視点が醸成されつつある。

　絶滅危惧種は社会的なアピール力が強く、特に個々の種の保護に関心が向きやすい。一方で、絶滅危惧種のみに注目した保全行動では地域の生態系のバランスを崩すおそれもあるので、注意すべきである。同じ種であっても別地域の異なる遺伝的系統の個体を安易に導入することは、進化史的な地域の系統を乱すことになるので、厳に慎む必要がある。また、対象となる絶滅危惧種の保護・育成を最優先するあまり、地形などの環境からみれば本来は成立し得ない場所に、その生育・生息空間を人為的に創出するといった事例も各地で散見される。このような生育・生息空間の創出は生態学的に無理のある状態であり、その維持に多大なコストを要することになり、効果の持続性の面で問題がある。また、人為的に絶滅危惧種の個体数増加を図る場合もあるが、その際も、生育・生息空間の群集の構成に著しい偏りを生じさせることに対する配慮が求められる。

　生物は生態系のなかで他の種とのかかわりを持ちながら生活しているのであり、絶滅危惧種であってもその生物間相互作用網における一員に収まるように扱うことが重要である。このことは、「絶滅危惧種の保全」から「絶滅危惧種を含む生態系の保全」へという視点を持つことの重要性を意味する。絶滅危惧種をフラッグシップ種、あるいは象徴種として扱い、その保全事業・活動を通じた多様な地域の生物相と共存する地域づくりが求められる。いずれにしても、その種が絶滅危惧の状態となった要因を排除するか改善しなければ、根本的な問題は解決されない。そして問題の要因の多くに、人間社会の在り方が強く関与している。個人の生活スタイルの改変も含めて、環境共生型の社会を目指すことも、絶滅危惧種の保全と表裏を成す課題であることを常に意識してお

かなければならない。

4.3　人材の育成と技術者の職能

　以上のように、絶滅危惧種の保全を図るためのシステムの構築には、保全生物学的な知識、地域計画や自然環境保全に係る法制度的な知識、空間整備における造園学的あるいは建設工学的な知識、市民など様々なセクターとの合意形成や活動の協働を導く社会学的な知識などを総合的に扱う必要があり、生態工学はそのための実学と言える。絶滅危惧種の保全の現場には、生態工学を職能とする技術者、つまり「生きもの技術者」が不可欠であり、その人材の育成が求められる。

　近年、建設や開発、自然再生の場などにおいて、生きものや自然を保護・保全・復元したり、生きものに配慮した調査・計画・設計する専門職技術者は「生きもの技術者」と呼ばれ、広く周知されるようになった。そこで、生きもの技術者に求められる職能や役割を記しておく。

①環境についての技術者倫理を備えていること
②生きものに対する情報や保全措置に対する知識と技術があること
③事業特性を理解していること
④土木技術者など事業を進める他の分野の技術者と協働できること
⑤市民活動をコーディネートできること

　今後のわが国の社会資本整備には環境や生物多様性への配慮が不可欠であり、これらの整備における生きもの技術者の積極的な参画を期待したい。

〔4.1 〜 4.2：大澤啓志・4.3：春田章博〕

[引用文献]

亀山　章 編（2002）生態工学. 朝倉書店, 168pp.

第5章 生息域内保全と生息域外保全

5.1 絶滅危惧種の保全における目標

　絶滅危惧種の保全においては「健全な地域個体群の維持」という目標があり、そのもとで個々の必要な保全措置を考えるのが原則である。したがって、健全な地域個体群が維持できる場とその環境を保全することが求められ、絶滅危惧種の保全も、生息域内、すなわち生育・生息している場所で行われるべきである。しかし現状として、それがかなわない場合も多く、絶滅危惧種の個体を生息域外に移植・移殖することが必要になってくる。

　ある絶滅危惧種を、生態系および自然の生息地を保全し、存続可能な種の個体群を自然の生息環境において維持し、回復することを「生息域内保全」と呼ぶ。これに対して、個体や遺伝資源を自然の生息地の外において人間の管理下で保全することを「生息域外保全」と呼ぶ。

　「生物多様性条約」では、第8条「生息域内保全」において、保護地域に関する制度の確立、地域の選定・設定および管理の指針の作成、重要な生物資源についての規制と管理、自然の生息環境における種の個体群の維持の促進、劣化した生態系の修復と復元、脅威にさらされている種の回復の促進などについて述べ、第9条「生息域外保全」において、主として生息域内における措置を補完するために行う措置について述べている。このことから、優先されるべきは「生息域内保全」であり、「生息域外保全」は次善の策、と言える。

5.2　生息域内保全と生息域外保全

　生息域内保全において、対象とする種の生育・生息場所の面積は、種によって異なるだけではなく、分類群によっても大きく異なる。基本的に移動しないように見える植物（実際には種子散布による移動をしているが）では、生育している場とその周辺の狭い範囲が対象となる。移動距離の少ない地上徘徊性の昆虫類や爬虫類、両生類などでは、面積は 1 ha 程度となる。哺乳類や大形の猛禽類のような鳥類では、数十〜数百 ha にも及ぶことがある。なお、国外に繁殖や越冬のために渡りをする鳥類や回遊する魚類（例えばニホンウナギ）については、すべての生息地を保全対象地域とすることは困難であり、現実的には、生息域内の一部を保全する種群となる。

　一方、対象となる絶滅危惧種が本来の生育・生息地において生存できなくなった場合に、別の生育・生息地に個体を移動したり、飼育施設で個体群の維持・回復を図るのが「生息域外保全」である。この場合、生育・生息地の収容能力が確保できたところで、再導入を図ることになる。日本におけるトキやコウノトリなどの人工飼育と放鳥の事例がこれに当たる。他の種についての生息域外保全は、環境省や、動物園・植物園関係、NPO や地方自治体など、多様な主体により行われ始めている（「生息域外保全」については、第 7 章で詳しく解説する）。

　生息域外保全は、種の絶滅を回避し、種内の遺伝的多様性を維持することを最終的な目標として取り組まれ、以下の 3 点を実施の目的とする。

①緊急避難：生息域内での存続が困難な種を生息域外で保存し、あるいは個体群を増加させ、種の絶滅を回避すること。

②保険としての種の保存：生息域内において、近い将来存続が困難となる危険性のある種を生息域外で保存し、遺伝的多様性の維持を図ること。

③科学的知見の集積：生息域内において、種の存続が困難となる危険性のある種について、飼育・栽培・増殖等の技術や遺伝的多様性の現状に係る科学的知見を、生息域外に置いた個体群からあらかじめ集積しておくこと。

　生息域外保全は、生息域内保全の補完として実施するものであるため、生息域内における保全状況を把握するように努め、常に生息域内保全との連携を図

ることが肝要である。生息域外保全に用いられる個体（ファウンダー）の確保に際しては、生息域内の同種個体群や生態系に及ぼす悪影響を最小限にするよう配慮する必要がある。また、生息域外において保存される個体は、可能な限り野生復帰させることが期待されるため、野生復帰させ得る資質を保つことが重要となる。

　生育・生息地内のすべての環境条件を把握し、生息域外で再現することは困難である。例えば、ある種の植物にとって、必要な水分条件や土壌条件がわからなければ、それが原因で生育が継続できない可能性がある。基本的に移動しない植物や、移動範囲の比較的少ない爬虫類、両生類、昆虫類などは環境条件を把握して保全するという考え方が可能である。一方で、国境を越えて広範囲に移動する鳥類などは、この考え方が当てはまりにくい。

　もとの生育・生息地の環境が著しく悪化した場合や、何らかの理由でもとの環境がなくなってしまう場合などは、生息域外保全をするほかない。適当な代替の生育・生息地がない場合は、動物園などの人工環境下での保全もこれに含まれる。前述の渡りをする鳥類なども、飼育することで個体の保全は可能である。

　以上から、**表 5-1** に、生息域内保全と生息域外保全のメリットとデメリットをまとめた。

〔中村忠昌〕

表5-1　生息域内保全と生息域外保全のメリットとデメリット

	メリット	デメリット
生息域内保全	＊域内には未知の生育・生息条件がある可能性があるが、域内保全では基本的にそれが内包されている。 ＊絶滅危惧種の持つ遺伝的な情報の移動・撹乱の可能性が排除される。	＊排除が困難な阻害要因がある場合、保全に失敗する可能性が高い。 ＊保全対象が遠方にある場合、十分な管理・監視・モニタリングが困難。
生息域外保全	＊域内よりも環境条件が整った生育・生息地への移植や移殖を行うことが可能。 ＊栽培・飼育であれば、環境条件の変化による死滅や天敵による捕食などを回避でき、個体レベルの保護に有利。	＊生育・生息地そのものの保全は図れない。 ＊生育・生息地破壊の免罪符になるおそれがある。 ＊生息域外保全地において、遺伝的な撹乱が起こるおそれがある。

[参考文献]

環境省（2009）絶滅のおそれのある野生動植物種の生息域外保全に関する基本方針
　　https://www.env.go.jp/press/files/jp/12843.pdf　（2019 年 2 月確認）
生物多様性センター Web サイト　生物多様性条約の本文
　　http://www.biodic.go.jp/biolaw/jo_hon.html　（2019 年 2 月確認）

第6章 生息域内保全

6.1 生息域内保全の計画

6.1.1 絶滅危惧種の保全計画の意義

絶滅危惧種の保全計画は、絶滅危惧種の目標とする生育・生息状況を明らかにし、絶滅危惧種の生育・生息環境の改善および個体数や個体群の回復を実現化するための保全の手段と手順を示し、目標に向けた道筋を立てるものである。

絶滅危惧種の保全は、生きものが絶滅に向かう負のスパイラルを反対向きにするものであることから、時間的には長期的な視点と、空間的には広域的な視点が求められる。さらに、複雑な事象の関係においては複合的な視点が必要である。それゆえに、計画的な取り組みが求められる。

6.1.2 保全計画の進め方と配慮事項

(1) 保全計画の進め方

絶滅危惧種の保全計画の立案にあたっては、基礎調査である対象種の生育・生息状態およびその生育・生息環境等の調査、環境ポテンシャル評価等の診断が必要である。それらの結果を踏まえて、計画策定方針の検討を経て、計画立案を行う（図6-1）。

計画策定方針の検討では、計画策定体制の構築、予算的措置の検討、計画策定工程の検討、情報収集・評価分析、課題の整理、基本的方針の検討等を行ったうえで実施することが重要である。

第6章　生息域内保全

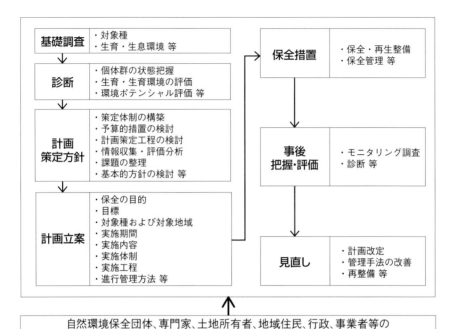

図 6-1　絶滅危惧種の保全計画の手順

　計画立案においては、保全の目的、目標、対象種および対象地域、実施期間、実施内容、実施体制、実施工程、進行管理方法等を明らかにした内容とする。計画策定後は、保全・再生整備等の保全措置、モニタリング調査等の事後把握・評価を行い、評価結果を踏まえて計画改定等の見直しを行う。

(2) 保全計画の立案にあたっての配慮

　絶滅危惧種の保全計画では、対象種の保全対策期間が長期にわたることが想定されることから、短期、中期、長期の各段階において、目標と手段を設定した長期的な視点が求められる。

　各段階において重点的に実施する内容としては、短期段階（約1～3年後）においては、緊急に対応が求められる絶滅回避に向けた保全管理の実施や、保全・再生整備計画の立案、モニタリング調査手法の検討等が考えられる。また、中期段階（約4～6年後）においては、保全・再生整備の実施、保全管理

やモニタリング調査の継続的実施等が考えられる。長期段階（約7年後～計画の実施期間）においては、モニタリング調査結果を踏まえた診断および計画改定、管理手法の改善、再整備等が考えられる。

保全計画の策定にあたっては、自然環境保全団体、専門家、土地所有者、地域住民、行政、事業者等の多様なステークホルダー（利害関係者）が主体となる。各ステークホルダーが絶滅危惧種の保全に対して、それぞれの主体が何ができるか、持っている能力と役割を自覚して取り組むことが重要である。

絶滅危惧種の保全は、時系列に沿って実施されるものであることから、保全計画の進行管理が重要である。進行管理にあたっては、進行管理の実施主体を明確にしたうえで、進行管理の方法を具体的に定めることが重要である。

絶滅危惧種の保全では、特に生きものやその生育・生息環境において、予測できない突発的な自然的現象や社会的現象等が発生することが想定されることから、PDCAサイクルをもとにした順応的管理が求められる（PDCAサイクルについては、第9章9.2節を参照）。

6.1.3　計画策定におけるステークホルダーとの協働

ステークホルダーが多くなるほど、計画立案段階において意見調整と合意形成が課題となる。そのため、ステークホルダー間で、絶滅危惧種の保全に向けた目標、実施内容、実施体制、実施工程、進行管理方法等を共有することが重要となる。

計画を共有するためのプロセスにおいて、保全計画の早期段階からステークホルダーがかかわることが重要である。保全計画の早期段階にかかわることで、各主体の思いが反映され、保全措置等の段階において、自主的かつ主体的役割を果たすことが期待される。また、計画立案等の議論を通じて、自らが有していない情報や他者の価値観、考え方を知ることができ、他者への理解を深める重要な機会となる。そのため、計画立案にあたっては、ステークホルダー間の十分な議論の場を確保することが求められる。

議論を行うにあたっては、机上の議論の場合、専門的知識を有していないステークホルダーが地図情報や専門的用語を理解できないことも想定される。そのため、情報を共有できるように、絶滅危惧種の対象種や生育・生息環境をス

テークホルダー全員が現地で確認することが重要である。現地では実際の対象種等を調査しながら意見交換がスムーズに展開されることが期待されることから、机上の議論と合わせて実施することが望ましい。

6.1.4 計画の継続性の確保

　絶滅危惧種の保全の計画を立案し、事業等を進める際に重要なことは、計画の実施期間において計画の継続性と実効性を確保することである。計画の継続性を確保するために求められることは、予算の確保、人的資源の確保、関係者の協力、世論の理解を得ることなどである。生息域内保全により絶滅危惧種が自然の状態で安定的に生育・生息可能になるまでには、長い期間を要する。また、里地里山等のようにかつての人間活動により維持されてきた自然環境に生育・生息していた種の保全においては、農林業の管理形態と類似の保全措置を継続的に実施していくことが求められる。

　このような種における保全措置の継続にあたっては、「コウノトリ育むお米」(8.4 節を参照)などのように、食の安全性の確保に加えて、生きものが健全に生息できる生産地管理により農産物の付加価値化を図り、絶滅危惧種の保全措置と経済性を両立していくこと等が期待される。

　また、行政や事業者が主体となり、絶滅危惧種を保全する活動団体等に対して保全管理等における必要な物資の支援や情報提供、人材育成を目的とした講座の実施や専門家の派遣等を支援することで、計画の継続性を確保することが期待される。

〔八色宏昌〕

6.2　生息域内保全の実践

　絶滅危惧種の生息域内保全について、その流れを**図 6-2** に示す。各項目については、以下に述べる。

6.2.1　情報収集
(1) 絶滅危惧種についての一般的な情報の収集
　絶滅危惧種の生息域内保全を行うには、まず、その種の生態等についての一

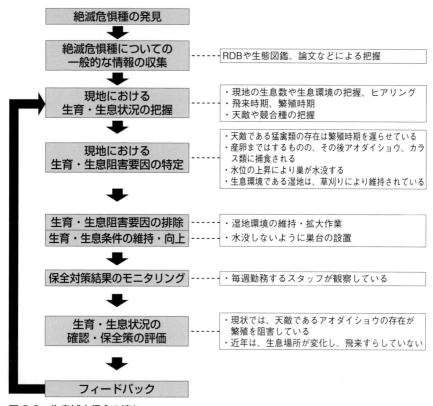

図 6-2　生息域内保全の流れ
フローの右側に、例として東京都立葛西臨海公園におけるセイタカシギの域内保全の内容を示す

般的な情報を収集することが必要である。この情報は、生息域内保全に限ったものではなく、生息域外保全にも有効なものである。生態等の情報は、各分類群の専門書や関連文献等から収集する。ただし、種群によっては、断片的な生態情報すら得られない場合もある。

　近年は、都道府県レベルのレッドデータブック（RDB）が編集・発行されており、このなかに、生態に関する一般的な情報が記載されている場合が多い。また都道府県によっては、各種の具体的な保全方法に関する事例なども報告されている場合があるので、これらを収集し、参考にすることが望ましい。

　対象種を専門的に研究している人材の有無についても、情報を得ておくこと

が重要である。上記の基礎的な情報が十分に得られない場合でも、これらの専門家へのヒアリングにより、関連情報を収集することができる。

その際に、種について把握する項目としては、以下のものが挙げられる。

①形態（大きさ、形態的な特徴（雌雄の違いや、若い個体の見分け）、類似種との識別点）

②生態（生活史や生息地の特徴、食性、天敵など、一年草か多年草かどうか、1回の卵数、1回の繁殖に要する期間、繁殖可能な個体に成長するまでの年数）

③分布（国内外の分布範囲、移動する鳥類や昆虫類は経路、時期など）

(2) 現地における生育・生息状況の把握

絶滅危惧種が発見された現地において、該当種の生育・生息状況を把握する。まず個体数や生息・繁殖状況、分布・飛来場所などを把握する。これには、断片的に得られる現地の情報をまとめる作業が必要になることも多い。可能であれば、数年以上の情報があると、増減の傾向も把握できる。すでに現地調査が行われている場合は少ないので、十分に情報がなければ、早急に調査を行う必要がある。

種によっては、他地域などから別の亜種が侵入している場合もある。例えばメダカやヒキガエルなどは、広い範囲で交雑が行われていることが指摘されている。交雑の状態を正確に知るためには多くの時間と多額の費用がかかることから、どの事例でも実行できるものではないが、このような可能性があることは把握しておいたほうがよい。

保全すべき場所については、法律や条例などの規制がかかっているか、土地所有者は誰かなどの情報も把握することが必要である。公園緑地のような場所であれば、所有・所管がわかりやすい。また、区市町村の保全地域などになっている場合も、現地に表示がある。一方で、私有地の場合はわからない場合も多い。

現地で把握すべき項目は、以下のものがある。

①個体数（厳密でなくとも、大まかにでも把握する）

②生育・生息状況（確認した個体は定着しているか？　一時的な生息（飛

来）ではないか？ 移動（渡り）をする種では飛来時期の初終は？
③繁殖の有無（域内やその周辺で生殖・繁殖しているか？）
④関係する種（競合種・捕食者・交雑種など）の生育・生息状況
⑤近縁亜種などとの交雑状況
⑥生育・生息範囲（面積や複数地点ある場合はその位置関係、距離）
⑦主な生育・生息地の環境（植生、地形などの自然条件と土地利用や所有者、人間活動などの社会条件）

これらについては、可能であれば複数年の情報を収集し、増減の傾向を把握する。

(3) 生育・生息阻害要因の特定

絶滅危惧種についての一般的な情報と、現地での生育・生息状況を照らし合わせることで、保全のための阻害要因を抽出する。以下に、想定される阻害要因の種類について整理する。

阻害要因は大きく分けて、社会的要因、無機的自然要因、生物的要因に分けられる。社会的要因は、人間活動により引き起こされる阻害要因である。各種開発行為などによる生育・生息地そのものの破壊および減少といった直接的なものや、生育・生息地の周辺環境の変化、密猟や盗掘による個体への影響、人間が近づくことによる警戒なども含まれる。無機的自然要因は、地球的な気候変動や河川の土砂供給の減少による干潟の消失、土砂崩れによる地形崩壊のような大きなスケールのものから、土壌条件、光条件、水分条件の変化などの小スケールなものまで含まれる。生物的要因は、絶滅危惧種と捕食関係や競合関係、交雑関係にある種の増加や、生育・生息地や営巣環境の変化、食草・食樹など餌資源の変化が含まれる。**図 6-2** に例示したセイタカシギでは、アオダイショウやカラス類が繁殖を阻害する要因になっている。

それぞれの阻害要因の位置やタイムスパンは、①内部環境か周辺環境か？ ②一時的・短期的な影響か恒常的・長期的影響か？ に分けてとらえられる。

阻害要因のうち、特に社会的要因については、その位置や阻害の程度、阻害の持続期間も同時に把握することが必要となる。

阻害要因は、すべての事例で特定できるわけではないことに注意が必要であ

る。限られた期間や費用のなかでは十分な状況把握が難しい。昆虫類などは種によっては基本的な生態すらわかっていないものも多い。大型の哺乳類や鳥類では、阻害要因への耐性に個体差がある。渡り性の鳥類や魚類などの移動する種の場合は、域外の繁殖地や越冬地など移動先の環境変化が阻害要因になっている場合もある。このように阻害要因を特定できない場合には、専門家によるアドバイスも有効である。

6.2.2　域内における保全活動

　域内における保全活動は、(1) 生育・生息環境の維持と改善、(2) 人的影響の排除、(3) 地元の理解と普及啓発活動の三つに分けられる。以下に、**図6-2**に示した鳥類に関係する事例を中心に、一般的な保全活動について述べる。

(1) 生育・生息環境の維持と改善
1) 保護区の設定

　限られた生育・生息環境に対する各種の人為的撹乱を抑制する方法として、保護区の設定が有効である。保護区は、対象種の状況や生育・生息地の規模により、法律や条例として設置されるものから、公園などで一時的に立ち入りを禁止するようなものまで、多様なものが想定される。

　保護区の設定の際は、絶滅危惧種が生育・生息している区域を十分な広さで指定することが理想的である。しかし、それが難しい場合には、特に重要な区域、例えば個体数の多いエリアや、使用中の営巣木や営巣林、重要な採食環境などを含むように設置することが望ましい。また、フェンスなどにより物理的に隔離することで、人的影響や捕食者や競合種などの侵入を防ぐことができる。

2) 生育・生息環境の改善

　絶滅危惧種の本来の生息環境である植生が、何らかの原因で変化している場合には、元の植生に戻していく必要がある。

　例えば、植林された針葉樹林を広葉樹林に戻すことや、遷移が進み常緑広葉樹林化した場所を、落葉樹の雑木林に戻す林相転換（樹種転換）などはよく知られている。それ以外にも、外来植物や竹類を駆除して本来の植生を回復させることや、手入れが行き届かず樹林化した場所を、草地性の希少チョウ類のた

めに草地に戻すことなども含まれる。稲刈り後の水田に水を張る、いわゆる「ふゆみずたんぼ」により、水生生物の生息環境を整え、水鳥などの餌資源を確保していくことなども、その例である。

3）営巣木の保護、巣箱・巣台の設置

これまでに述べた生息環境全体の保全とともに、生息環境のある機能を改善する保全策もある。

樹洞性の鳥類では、巣箱の設置を行うことで、繁殖場所を確保できる。例えば、北海道に生息するシマフクロウ（環境省レッドリスト（以下、環境省 RL）：絶滅危惧 IA 類）では巣箱の設置が行われ、効果を上げている。このほかに、ブッポウソウ（環境省 RL：絶滅危惧 IB 類、地方版レッドリスト（以下、地方版 RL）記載種）、オシドリ（環境省 RL：情報不足、地方版 RL 記載種）、アカショウビン（地方版 RL 記載種）なども、巣箱を利用することが知られている。

カワセミ・ヤマセミ（地方版 RL 記載種）のような崖地に自ら穴を掘って営巣する種に対しても、人工的に営巣壁をつくる試みがなされている。オオタカやミサゴ、ハヤブサなどの猛禽類用の人工巣の設置も各地で行われている。

ここで注意したいのは、人工巣の設置は、生息環境の一部分のみの改善であることである。例えば猛禽類については、採食空間となる広域な樹林環境などが同時に確保されていないと、生息はできない。また、特定の種の個体数が増えることによって、周辺の生態系のバランスが崩れることが懸念される。したがって、人工巣などを設置する際には、それに見合う、生息空間の他の要素が確保されていることの確認や、不足している場合にはその保全・創出を事前あるいは同時に行うことが必要となる。また、設置後は、対象種の個体数モニタリングとともに、その影響を受けると予想される種などについても注視していくことが求められる。

4）人工給餌

人工給餌は、主にタンチョウなどのツル類やハクチョウ類、シマフクロウなどの鳥類を対象に行われている。生息環境の劣化により餌となる動植物の減少が原因で個体数が非常に減少した種に対しては、生息環境機能の早急な改善につながり、個体の生存率を上げることが期待できる。

一方で、特定な場所だけで給餌を行うと、個体の過度な集中を起こし、病気の蔓延などで一度に多くの個体が死亡するリスクが高まることも懸念される。給餌場所によっては、その種本来の生息場所でないところへ誘引することにもつながりかねない。このほか、給餌によりネズミ類やカラス類などが誘引され、他種の捕食や農業被害などの二次的な問題が生じるリスクも考えられる。

　人工給餌の実施にあたっては、永続的な保全方法ではないことに留意すること、また、周辺環境への影響や過度な依存を引き起こさないよう、給餌の場所や時期、給餌量、給餌方法などについて慎重に検討することが必要である。

5）食草や吸蜜植物の植栽

　昆虫類のうち、例えばチョウ類などは幼虫時期の食草・食樹が決まっており、生息が確認されている場所で、該当植物を増やすことで個体数の増加が見込める。成虫時期に利用する吸蜜植物などについても、これを増やすことで生存・繁殖の可能性を高めることにつながる。なお、該当植物を植栽するには、離れた地域から持ち込まないことや、過度の植栽が現場の植生に影響を与えないよう配慮が必要である。

6）デコイ・音声による誘引

　海鳥などの鳥類は、集団で繁殖することで外敵から卵や雛を守る。そのため、同種の個体が集まるほど繁殖成功率が高まる。そこで、デコイと呼ばれる模型や音声を流すことで誘引を行う。

　デコイ・音声による誘引は、すでに絶滅危惧種を対象に実施され、一定の効果が上がっている。精巧なデコイの作成や、誘引のための音源、野外で長期間使用するスピーカーなどを用意する必要があるが、有効な手段となっている。

7）捕食者や競合種の排除

　①捕食者の排除

　植物でも動物でも、保全対象の絶滅危惧種が捕食者により影響を受けている場合、捕食者の排除は有効な保全手段の一つとなる。

　捕食者が外来種の場合は、捕獲すること自体に反対意見は出にくいが、効果的に捕獲することが難しく、根絶できないことが多い。例えば、小型のカエル類はウシガエルに捕食されるし、希少なトンボ類などの水生昆虫類はアメリカザリガニに捕食されているが、これらの捕獲には費用や手間、時間もかかる。

アライグマなどの特定外来生物では、捕獲のための許可が必要となる。

在来種であっても、カラス類やカモメ類が絶滅危惧種である鳥類の卵や雛を食べる事例が報告されている。これらの鳥類の場合は、猟銃などによる直接的な駆除が難しい。ハシブトガラス、ハシボソガラスともに狩猟鳥獣であるが、猟期や猟ができる場所が限られている。また、絶滅危惧種の保護を目的とした有害鳥獣駆除はできない。したがって忌避させるために、案山子や光るテープ、目玉模様などの視覚的な脅しを試みることとなるが、効果は高くない。

絶滅危惧種の捕食者が絶滅危惧種である場合もある。例えば、海岸に生息するコアジサシ（環境省RL：絶滅危惧Ⅱ類）は、卵や雛だけでなく、営巣中の成鳥までもがカラス類や猛禽類などに狙われるが、猛禽類のハヤブサやチョウゲンボウはそれぞれ、前者が環境省RLで絶滅危惧Ⅱ類、後者は東京都RL記載種となっている。同じように、セイタカシギ（環境省RL：絶滅危惧Ⅱ類）の卵を狙うアオダイショウも東京都RL記載種である。このような場合は、どちらの種の保全を優先するか、判断が難しい。絶滅危惧種としてのカテゴリーの差で、機械的に判断できるものでもない。両種の生息状況や保全状況を総合的に判断し、捕食される側が保全上の問題を抱えている場合は、捕食者の忌避や、場合によっては一時的な隔離などの方策も検討されるべきと考えられる。

②競合種の排除

捕食をされなくとも、食物資源や生育・生息場所を取り合うなどの競合種の存在も、絶滅危惧種に影響を与える場合がある。例えば、ニホンイシガメが生息する環境にミシシッピアカミミガメなどのカメ類が放されることで、餌資源などの競合が起こると考えられる。また、ウラギクが生える塩生湿地では、ヨシ等が生えると、生育する場所が制限される。前者のように放逐された外来種が競合種になっている場合と、後者のようにもとから生育する在来種によって生育が制限されている場合を同様に扱うことはできず、競合種の排除にあたっては、ケースバイケースでの対応が求められる。

(2) 人的影響の排除
1) 農薬や除草剤の禁止・抑制

農薬や除草剤の使用により、周辺の水田や河川、池沼などの水生生物が減少

するとともに、それを捕食する種も影響を受ける場合がある。発生源は農地やゴルフ場など様々なものが想定され、また発生源が複数であることも想定されるために、特定が難しい。河川の場合は、発生源が影響の出ている場所から離れていることもある。

　原因となる物質や影響の出るメカニズムなどを特定するには、多くの調査・研究が必要になる場合もあり、早期に具体的な対策を立てることは難しい。

2）ロードキル対策

　ロードキルとは、道路建設による影響で野生動物が死亡することを言い、車両にひかれて死ぬ轢死、ぶつかって死ぬ衝突死、道路脇の排水溝内へ落ち込み溺れて死ぬ溺死、乾燥して死ぬ乾涸死などがある。また、轢死した死骸を食べにきた鳥類などが、その際にさらに轢死する二次的な被害も知られている。

　轢死や衝突死の例としては、沖縄本島に生息するヤンバルクイナをはじめ、対馬のツシマヤマネコや西表島のイリオモテヤマネコなどへの影響が知られている。二次的な轢死については、石垣島でカンムリワシ（環境省RL：絶滅危惧ⅠA類）の例も報告されている。しかし、影響はこれら特定の種にとどまらず、地表徘徊性の昆虫類や両生類、爬虫類など多くの種が被害にあう。わが国では、高速道路だけで年間3万件以上のロードキルが発生しており、そのなかには都道府県レベルの絶滅危惧種も多く含まれている。ロードキルは、直接的に対象種を殺すことで、保全上の影響は非常に大きい。

表6-1　ロードキル対策の例

目　的	具　体　策
入らせない	進入防止柵の設置 動物専用道路横断トンネルの設置 動物専用道路横断橋（エコブリッジ）の設置
近づかせない	昆虫類の誘引効果の少ない街灯の設置 草刈り
出られるようにする	緩傾斜または、切り欠き側溝の採用 ため桝への落下防止蓋の設置 脱出路の確保
ドライバーへの注意	標識の設置

鬼首エコロード研究会（2003）ほかを参考に作成

現在、**表6-1**に示すような対策や、道路や排水溝の構造などについての研究がなされているが、よりいっそうの対応が求められる。

ロードキルでは、傷害を受けて生き残る個体もいる。絶滅危惧種では、生き残った個体の野生復帰や、復帰できなくとも域外保全の際のファウンダーとする可能性もあることから、救護技術の研究や救護体制の整備などの対策が必要になる。

3) 各種のバードストライク

バードストライクとは、鳥類が人工物に衝突して起きる事故のことである。飛行中の飛行機に巻き込まれることが知られているが、大型鉄塔や高圧電線に接触することによる感電死や、風力発電機のプロペラに絶滅危惧種である大形の水鳥や猛禽類などが衝突して死亡する事故もある。鉄塔や電線については、その形状などに工夫がされ始めているが、風力発電機については、その立地計画などの段階から影響評価をすべきであろう。

規模は小さいものの、都市環境に無数にある建築物の窓ガラスへの衝突死もバードストライクの例として知られている。この被害を低減させる方法としては、窓ガラスの前面に衝突防止のネットや植栽を設置すること、窓ガラスに背景が映り込まないよう、また鳥類に通り抜けられると思われないように、ガラス面の角度や配置を調整すること、および猛禽類のシルエットを模したり紫外線を使用したステッカーを窓ガラスに貼ること、などが行われている。

4) 漁業による混獲、防鳥ネットによる事故死

海鳥をはじめ、ウミガメ類や海洋哺乳類などについては、漁網により混獲されることが知られている。最近では農業用の防鳥ネットに多くの鳥類が絡められ、そのなかに絶滅危惧種が含まれることが報告されている。

漁網による混獲については、世界的な問題として各種の調査・研究とともに、漁業者への指導や普及啓発などが行われている。

防鳥ネットについては、実際の農業被害と鳥類との関係把握や被害の低減策の検討を含めたうえで、設置者との調整を行うことが必要であろう。

5) 生息地への立ち入りの制限

鳥類の営巣地へ意図的ではなくとも近づくことで、巣や卵を直接破壊したり、過度に警戒させ、繁殖を放棄させる場合がある。運動場のような低茎草地

や砂浜に営巣する鳥類の場合は、散歩や各種レジャー、イヌなどのペットの連れ込み、車の乗り入れなどにより被害が生じることもある。

　対策としては、人間が乗り越えられない高さのフェンスの設置などが有効であるが、立ち入りが意図的でない場合は、低い柵や看板などにより制止できる場合もある。しかし、対象区域が狭く、各種レジャーなどとの「すみわけ」ができない場合は、調整が難しい。その場合は、保全のために必要な時期や区域を限定することで理解を得るなど、具体的な提案による調整が必要となる。

　近年、主に鳥類を撮影するカメラマンが増え、一部では撮影対象に過度に接近するなどの行動から、生息を妨害している事例がある。繁殖期に入った個体や営巣中の個体を撮影し警戒させた結果、繁殖を放棄させた事例もある。公園などの管理者がはっきりしている場合は、看板や標識等による警告が望ましい。

6）密猟・盗掘（愛玩、食用、販売など）

　絶滅危惧種は希少性が高いため、チョウ類などの一部の昆虫類やタナゴ類などの魚類、ラン科の植物などは、愛好家により密猟・盗掘されるおそれがある。特に移動できない植物は、生育場所に関する情報が公開、あるいは漏れることで、盗掘される可能性が高くなる。

　密猟や盗掘を防止することは難しい。物理的に立ち入りを禁止できる閉鎖性の高い保護区や、管理者のいる公園などであれば、ある程度有効な場合もあるが、それでも完全に抑止することは難しい。最近はインターネット上に情報が掲載されると拡散の速度が速く、その危険性がさらに高まることとなる。個体数の少ない場合などは、情報の公開に慎重になることが必要である。

7）ごみの残置

　人間が捨てた飲食物などのごみに、カラス類やネズミ類、ノネコ、ノイヌ、アライグマなどが誘引される場合がある。これらの動物に、保全対象の絶滅危惧種が捕食されるリスクが高まることが考えられるため、ごみの出し方や回収方法の工夫など、ごみ対策も重要である。

(3) 地元の理解と普及啓発活動

1）土地の管理者の理解

　いわゆる種の保存法や文化財保護法により保護されている種ではなく、国や

自治体のレッドリストの記載種というだけでは、保全の拘束力はない。したがって、その保全には土地の管理者の理解が必要となる。公園などの公有地と、私有地の山林などでは対応が異なるであろう。まずは、管理者にそのような種が生育・生息していることを説明することから始めるが、その際に基礎的なデータは相手の理解の手助けになる。

2) 普及啓発活動

前述の人的影響の排除とも関係するが、より積極的に保全を行ううえでも、普及啓発活動が必要となる。普及啓発活動は、以下の内容で行う。

①対象とする絶滅危惧種の紹介

②保全対策の内容（実施内容や時期、他の利用との調整）

③専門的にせず、理解しやすいように、平易な文章とし、写真やイラストを用いる。

④チラシの配布や、看板や標識を設置する。

⑤ウェブサイトでのリアルタイムな情報発信と成果の発信

これらの活動によって、関心のある人が増えて、監視の目も増え、結果的に保全が進む。

3) ステークホルダー（利害関係者）間の調整

漁業や農業、場合によっては観光業の関係者などとの調整が必要な場合もある（詳細は、第 16 章を参照）。

6.2.3 生息域内保全の限界と総合的な保全

「健全な地域個体群の維持」という目標を掲げる絶滅危惧種の保全において、「生息域内保全」は本質的なものであるが、生育・生息地におけるすべての阻害要因を解決できる訳ではない。面的スケール、時間的スケールの大きなもの、社会的な調整のつかないものの解決は困難な場合が多い。また、外来種の駆除など、技術的に困難なものもある。このような場合は、生息域内保全に限定せず、生息域外保全を併用しながら、総合的な保全を図る必要がある。

〔中村忠昌〕

[参考文献]

明日香治彦・池野　進・渡辺朝一（2011）茨城県下のハス田における防鳥ネットによる野鳥

羅網被害の状況．*Strix* **27**: 113-124.

環境省北海道地方環境事務所　報道発表資料　天売島におけるウミガラスの繁殖結果について．2016 年 08 月 19 日．

http://hokkaido.env.go.jp/pre_2016/post_46.html　（2019 年 2 月確認）

環境省北海道地方環境事務所　報道発表資料　平成 30 年度シマフクロウ標識調査の実施結果について．2018 年 07 月 10 日．

http://hokkaido.env.go.jp/pre_2018/30_1.html　（2019 年 2 月確認）

毎日新聞（2012）カンムリワシ：交通事故で犠牲、増加．2012 年 05 月 11 日掲載．

http://mainichi.jp/select/news/20120511k0000m040125000c.html　（2019 年 2 月確認）

中屋敷誠司　中筋川ダムにおけるミサゴの保護活動について．国土交通省四国地方整備局中筋川総合開発工事事務所．

http://www.skr.mlit.go.jp/nakasuji/gallery/misago.pdf　（2019 年 2 月確認）

財団法人日本鳥類保護連盟（2012）平成 23 年度コアジサシ保全方策検討調査委託業務報告書．環境省自然環境局．196pp.

（財）日本野鳥の会（2001）自治体担当者のためのカラス対策マニュアル．環境省自然環境局．135pp.

鬼首エコロード研究会 編著（2003）鬼首道路エコロードへの挑戦―人と自然にやさしい道路をめざして．大成出版社，104pp.

やんばる野生生物保護センター Web サイト「ウフギー自然館」

http://www.ufugi-yambaru.com/torikumi/taisaku.html　（2019 年 2 月確認）

6.3　生息域内保全のための環境ポテンシャル評価

　環境ポテンシャル（environmental potential）は、ある場所が保全目標とする絶滅危惧種の生息にどの程度適しているかを表す概念である。絶滅危惧種の生息域内保全は、生息地の環境ポテンシャルを向上させ、局所個体群の生存が可能な状態にすることで図る。

　局所個体群には、繁殖が行われ、他の局所個体群に個体を供給する機能を持つソース個体群（source population）と、他所のソース個体群から個体が供給されているが、その場所では繁殖していないため、供給が止まると消滅してしまうシンク個体群（sink population）がある。ソース個体群を確保することは、絶滅危惧種の保全にとって本質的である。現況でシンク個体群である場所では、繁殖可能な状態に改善してソース個体群化を、また、すでにソース個体群である場合には、繁殖地として機能の強化を図ることになる。そのために

は、生息地の環境ポテンシャルの現況を評価したうえで、その向上策を提案する必要がある。

6.3.1 保全・再生地の調査
(1) 土地的環境と生物的環境
　保全・再生対象の生息地としてのポテンシャルを評価するために、土地的環境と生物的環境の二つの側面について調査を行う。土地的環境とは、気候、表層地質、地形、土壌、水環境など生態系の物理・化学的環境条件であり、非生物的環境（abiotic condition）と呼ばれることもある。これに対し、生物的環境（biotic condition）とは、生物相、植生など生態系を構成する生物そのものやその集合体である生物群集を指す。生態系の全体像を明らかにするためには、これらの項目を網羅的に調査する必要があるが、特定の種の生息環境保全・再生を図ろうとする場合には、調査項目を絞り込んだほうが効率的である。そのような絞り込みをスコーピング（scoping）と呼ぶ。

(2) 調査範囲
　調査範囲は、絶滅危惧種が実際に生息している範囲とともに、必要に応じてその周囲も含める。例えば、湿原の場合、湿原に影響を及ぼしている可能性がある周囲の樹林を含めたり、集水域全体を調査範囲としたりする。その場合、湿原そのものよりも、周囲では調査項目をより絞り込んだり、後で述べる図化の精度を小縮尺にしたりするなど、必要に応じてメリハリをつける。

(3) 基図
　環境ポテンシャル評価では、調査データの地図化（mapping）が有効である。各調査項目のデータを何らかの分布図の形で表現した地図を主題図（thematic map）と呼ぶ。各主題図を描く下図となるのが基図（base map）である。一般に、基図には、等高線と主要な事物が描かれた地形図が用いられる。国土地理院の地形図（日本全国、縮尺2万5,000分の1）、森林基本図（森林地域、縮尺5,000分の1）等が基図によく用いられる。また、都市計画区域については、数値地図2500（空間データ基盤、縮尺2,500分の1）が整備され

ているが、等高線は入っていない。このほか、民間の地図会社が刊行している各種の地図等も頒布されている。

　現在、地図の多くは、電子データで提供されている。適当な縮尺の基図が得られない場合には、測量等により基図を用意しなければならない。近年は、小型無人航空機（UAV, drone）による空撮データを用いることにより、従来よりも格段に容易に大縮尺の基図の作成が可能になった。

(4) 調査の期間・頻度・空間分布

　データの精度に影響を与える要因に、調査の期間と頻度、調査地点の分布がある。これらは、一概に「こうでなければならない」と決めることができない。あくまでも目的に応じて選択する。

　調査期間を長くとると、経年変化等が把握できる。しかし現実には、緊急に保全・再生事業を行う必要があるなど、それほど長く調査だけを行うことができないことが多い。調査の最短期間は1年間である。1年間調査すると、生物季節が一巡するので、生活史が明らかにできるからである。特に繁殖状況を把握するためには、四季を通した調査が欠かせない。

　調査頻度が高くなるほど時間分解能が高くなるが、労力との兼ね合いから目的に応じて決めなければならない。例えば、雨量に応じた水量の変化の詳細な把握が必要であれば、定期的かつ頻繁な測定や降雨現象に応じた測定が欠かせない。一方、森林の植生調査などは、一般的には夏季に1回調査すれば十分である。

　調査地点の分布は、データの空間分解能を決める。調査地点が空間的に偏っていると、対象地全体の傾向をつかむことができない。地下水位のように、連続変化量である場合には、調査範囲全域にできるだけ均等に配置するのが望ましい。一方、植生のように比較的明確な境界があり不連続な対象の場合には、目視で識別可能な各環境に数箇所ずつ配置するのが一般的である。

(5) 環境調査と主題図作成

　土地的環境と生物的環境の各調査項目のデータは、一覧表、グラフ、主題図などの形に取りまとめる。これにより、データの時系列的変化や空間的分布な

どを把握する。各種の図表のなかでとりわけ有用なのが、土地的・生物的環境の各項目についての主題図である。作成には相当な調査・解析労力を要するが、次段階の診断では、主題図が威力を発揮することになる。できるだけ少ない労力で、有用な主題図が作成できるよう、まず、どのような主題図を作るかよく検討して作成することが重要である。

6.3.2 診断

診断（diagnosis）は、もともと医学用語であり、患者の心身の状態を検査結果から判定し、病気や怪我の種類、程度、原因などを特定する行為のことである。絶滅危惧種の生息地の場合、調査が検査に、それに基づく評価が診断に該当する。主な診断内容は、個体群の存続可能性と生息地の状態であり、生息地については特にその劣化要因と改善の潜在的可能性（環境ポテンシャル）が重要である。診断に基づいて処方が下される。

ここでは、特に生息地改善の潜在的可能性について解説する。環境ポテンシャルは、①生息地としての生態系の成立可能性を表す立地ポテンシャル、②他の生息地からの種の移入の可能性を表す種の供給ポテンシャル、③捕食—被食や生態的地位をめぐる社会的環境ポテンシャル、の三つから構成される。

立地ポテンシャルの評価は、絶滅危惧種の生息地の保全・再生にとって最も重要である。立地ポテンシャルが高い場所は、すでに絶滅危惧種がそこに生息している場合と、未だ生息していない場合とがある。既生息地は保全の対象となる。また、未生息地では種の自然な移入を促すか、種の人為的な移入を検討する。人為的移入に際しては、遺伝的撹乱が起きないよう慎重な配慮が求められる。

立地ポテンシャルが現状では十分高くないものの、何らかの措置で生息地としてのポテンシャルを高くできる可能性がある場所は、生息適地拡大の候補地となる。そのような場所では不十分な環境要素について改善を試みる。例えば、湿原の場合、①地下水位が高いこと、②十分な日射量があること、③貧栄養・高溶存酸素・中性（水酸化イオン濃度）に近い水質であること、の三つが揃っている場所が、立地ポテンシャルが高い。これらのいずれかが欠けている場合には、それを補うようにする。地下水位が低ければ、堰の設置による湛水

や表流水のかけ流しなど、日射量が不十分であれば、日射を阻害している上方や側方の植生等を伐採・刈り取りなどで抑制するといった方法を検討する。特に既生息地と近接しながら、立地ポテンシャルが不十分な場所でそれを引き上げ、生息適地を広げることは、個体群サイズの拡大に有効である。

種の供給ポテンシャルは、①種の供給源と移動先の空間関係、②生物種の移動力（植物の場合には種子散布力）、の二つにより決定される。対象種の個体群の分布と移動力に関する既往知見を参考にして、保全・再生地への対象種の移入の可能性、また同地から他の場所への移出の可能性を評価する。動物種の移動力は、発信機装着による追跡、捕獲・再捕獲法などの調査データの信頼性が高い。現状で、自然的な移入が見込めない場合には、近隣の生息地からの動物の移動路を何らかの手段で確保するなどして、生態系ネットワークの形成によるポテンシャルの向上を検討する。飛翔性動物の場合、飛び石型ネットワークでも有効なことがある。

社会的環境ポテンシャルは、①捕食―被食関係、②生態的地位をめぐる関係、③相利共生関係、によって評価する。生物群集内にはこうした関係が存在するが、それが侵略的外来種などによって歪められていないかどうかが特に問題である。例えば、侵略的外来種が対象種の強力な捕食者になっていたり、棲み場所や餌が競合する存在になっていたり、相利共生関係にある種の捕食者や競合種になっていたりする場合、その影響を詳しく評価する必要がある。種間関係は複雑に入り組んでいるので、その全貌の把握は難しい。そのため、評価すべき種間関係を保全対象種に密接に関係するものに絞り込んで、関係する種の分布、個体数などを調べて評価する。

6.3.3　処方

診断に基づいて、環境ポテンシャルを向上させる方向で処方を下す。処方の段階では、保全・再生による生息地の配置等を計画図で、生息環境の構造を設計図で示し、それを説明する特記仕様書を添付する。保全・再生のための作業や工事が、それに続く段階として進められる。

6.3.4　ハッチョウトンボ生息地の環境ポテンシャル評価

　以上で述べた調査・診断・処方の実例として、ハッチョウトンボ生息地の事例を示す。ハッチョウトンボは、主に低山地の日当たりの良いモウセンゴケ等の生育する滲出水のある湿地に生息するトンボ科のなかで最小の種である。幼虫は低茎草本に覆われた小さく浅い滞水や滲出水などに生息し、水底の泥中に潜んで活動する。成虫は生息地が局所的であることから、全国には本種を天然記念物に指定またはレッドデータブックに記載する地方自治体が複数あり、ここで紹介する鳥取県では本種を絶滅危惧Ⅱ類に位置づけている。

　鳥取県の真砂土採取跡地に偶発的に形成された小規模な湿原では、ハッチョウトンボをはじめとする複数のトンボの生息が確認された。この生息地を保全し、機能強化を図るため、ハッチョウトンボを保全対象種として設定し、以下に示す流れで調査・診断・処方を行った。

　ここで紹介する事例地は、もともとは山林であった場所が、植生と地形が大きく改変された結果、湧水が滲出し、水域が形成されやすい平坦な地形となったところである。すなわち、非意図的にではあるが、人為によって立地ポテンシャルが大きく変化して湿原が形成され、トンボ類の生息に適した環境になった。造成地のなかを詳細に見ると、環境は不均質であり、目標種であるハッチョウトンボの生息の立地ポテンシャルがより高い場所、不安定ながら生息可能な場所、生息に全く適さない場所があった。立地ポテンシャルの評価は、安定した繁殖環境の拡大を無理なく図るうえで有効な手法である。

　一方、ハッチョウトンボがどこから飛来したかや、餌動物や天敵など他種との関係も明らかにはできていない。すなわち、種の供給、社会的環境ポテンシャルは未評価である。安定したソース個体群としていくためには、これらについても適宜調査、評価していく必要がある。

(1)　調査

　南側と西側を法面に囲まれた湿原0.28 ha（**図6-3**）を対象とし、全体を5 m×5 mの区画に分割した。植生調査は、小規模湿原の植生を詳細に把握するため調査プロットを計149箇所設置し、夏季と秋季に実施した。表操作法により群落を区分し、現存植生図を作成した後、群落を植物の生活型別にまとめ

第6章　生息域内保全

ることにより相観植生図を作成した。環境調査として、日射量は秋季に調査し、調査地内の相対積算日射量を算出した。地下水位および水温は、調査地内を十字に交差する直線上10地点に簡易地下水位観測井を埋め込み、月1回地下水位と水温を測定した。水質は、この10地点で水素イオン濃度（pH）、電

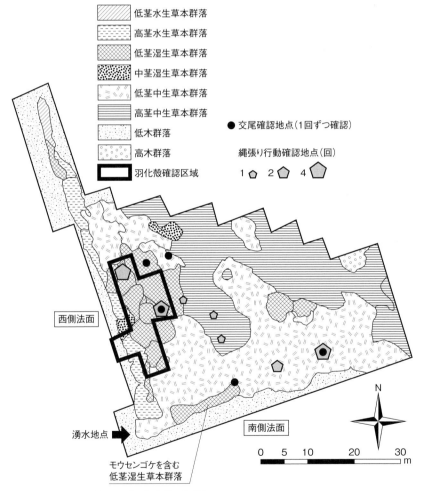

図6-3　ハッチョウトンボの生息地の現況
中生草本：生育地が「草地や路傍」、「道ばたや畑」などと図鑑に記載されている植物を、湿生草本と乾生草本の中間の性質を持つものとして中生草本に分類した

気伝導度（COND）、溶存酸素濃度（DO）を秋季に1回測定した。水域分布は、夏季から秋季にかけて計6回、各区画の表面水の分布を記録した。

ハッチョウトンボは、成虫が主に出現する6〜8月に、2週間に1回、ルートセンサス法によって調査し、性別・成熟度・行動（縄張り形成・交尾）・位置を記録した。また、繁殖場所であることの証拠となる羽化殻を各区画で採集し、羽化殻が付着している植物種と植物高を記録した。以上をまとめた生息地の現況を図6-3に示した。

(2) 診断

ハッチョウトンボは、主に南側と西側の法面の法尻で確認された。南側には主に低茎中生草本群落が優占し、一部に貧栄養環境の指標であるモウセンゴケを含む低茎湿生草本群落が分布した。付近の地下水位は降雨に依存する傾向を示し、小さい水溜り状の水域が点在していた。西側は、低茎と高茎の水生・湿生草本群落および低茎中生草本群落が分布し、付近の地下水位は常時高く、水域が広がっていた。湿原全体で日射量は比較的高い値を示した。水質は、CONDが比較的高く、pHが中性に近い値を示したことから、やや植生遷移が進行しやすい環境であることが示唆された。DOは比較的高い値を示し、ハッ

表6-2　ハッチョウトンボの生息地の改良案

主要な環境	植生	課題	保全・管理方針
西側法面の法尻	低茎と高茎の水生・湿生草本群落 低茎中生草本群落	・ヤナギ類の繁茂・高茎中生草本群落の分布拡大に伴う植生遷移の進行 ・法面部の低木類の繁茂に伴う日照環境の悪化	競合種の刈り取り・抜き取りを成虫の活動が停止する冬季に実施
		高茎水生草本・中茎湿生草本の繁茂に伴う低茎草本群落への被圧	
羽化殻確認区域	低茎湿生草本群落	踏圧による終齢幼虫の生息適地の環境悪化	木道の設置による踏圧防止
南側法面の法尻	低茎中生草本群落 低茎湿生草本群落	渇水期の水域縮小	・湧水地点から南側法面沿いに水域を連結（溝の造成） ・小さい凹地を造成

チョウトンボが孵化するうえで良い環境であると考えられた。また、二つの法面が接する位置では、水温とその変動から湧水の存在が示唆された。

　ハッチョウトンボ成虫の個体数の傾向として、成熟オスは低茎湿生草本群落の面積割合と平均水域面積との間に正の相関があった。成熟メスは、成熟オスと異なり、水域周辺の中生草本群落に分布する傾向にあった。成虫の縄張り形成や交尾は、西側法尻の羽化殻が多く確認された区域で見られたほか、南側法尻に分布する低茎中生草本群落においても確認された。羽化殻が多く確認された区域は、確認されなかった区域よりも低茎湿生草本群落の面積割合と平均水域面積が有意に大きい値を示した。さらに、この区域の地下水位が常時高かったことから、ハッチョウトンボの繁殖には、低茎湿生草本群落と安定した十分な水域が必要であることが示唆された。

(3) 処方

　以上を踏まえ、ハッチョウトンボ生息地の改良案を立案した（**表6-2**）。羽化殻や成虫の縄張り形成・交尾は、常時地下水位が高く、表面水のある低茎湿生・中生草本群落で確認されたことから、このような環境が繁殖するうえで重要であると考えられた。しかし、周辺には高茎中生草本群落が分布し、湿原全域にヤナギ類が点在していたことから、植生遷移を防ぐため、成虫の活動停止期に、これらの刈り取り・抜き取りを実施する方針とした。また、縄張り形成や交尾が確認されたものの、降雨に依存する傾向にあり渇水期に水域が縮小する区域については、湧水確認地点と水域を連結することにより水域の拡大・安定化を図ることとした。さらに、羽化殻が確認された区域については、踏圧の影響を防ぐため木道を設置する方針とした。　　〔日置佳之・中田奈津子〕

[参考文献]

亀山　章 編（2002）生態工学．朝倉書店，168pp.
国土技術政策総合研究所道路環境研究室 編（2016）道路環境影響評価の技術手法「13. 動物、植物、生態系」の環境保全措置に関する事例集（平成27年度版）．
沼田　真 編（1974）生態学辞典．築地書館，467pp.
上田哲行・木下栄一郎・石原一彦（2004）丘陵湿地に生息するハッチョウトンボの場所利用と生息場所の保全について．保全生態学研究 9: 25-36.

第7章 生息域外保全

7.1 飼育下での繁殖事業

7.1.1 はじめに

　動物の生息域外保全は、主に動物園と水族館で行われている。動物園は、その発祥と歴史的経緯から、多種多様な野生動物を収集し、これを飼育して生きたまま公衆の観覧に供する施設と定義される。

　日本には、動物園91、水族館60、計151（2019年2月現在）が会員となっている公益社団法人日本動物園水族館協会（略称：JAZA）があり、動物園および水族館には、①種の保存、②教育・環境教育、③調査・研究、④レクリエーション、の四つの役割があるとしている。以下、JAZAの種保存事業を中心に、動物園における種の保存事業の背景と経緯、現状と今後の課題について述べる。

7.1.2 動物園の現状

　ある動物の種が存続できる条件は、数学的には生まれる個体の数が、死亡する個体の数を下回らないことである。実際には、多くの動物は一生の間に多くの子を生んでいるが、自然環境のもとでは、飢餓、負傷、疾病、捕食者による被食などにより、生まれた子の多くが死んでしまう。

　飼育された状態では、これらの生存に不利な要因はなくなってしまう。必要十分な食物が与えられ、病気や怪我は治療され、捕食者に襲われる危険もないからである。飼育繁殖技術や獣医療が一定以上の水準に達していれば、生まれ

た子は滅多に死なず、その親も野生状態ではあり得ないほど長生きできるようになる。現在の動物園は、そのような状況にほぼ達している。

　飼育している動物が繁殖し、生まれた子がすべて育つのは、動物園にとって喜ばしいことであるが、子の動物の両親が健全で、さらに繁殖を続けると、一転して飼育スペース不足の問題に直面する。個々の動物園で累代飼育を実現するためには、飼育スペース不足の問題解決が急がれる。

7.1.3　希少動物の血統登録

　個々の動物園が独自に自己完結的に繁殖を行うだけでは、飼育スペースの不足により累代飼育を実現することは困難であるが、同種の動物を飼育している複数の動物園が共同で繁殖に取り組めば、可能性がある。

　ところが、別の動物園で生まれた個体どうしは親が違うのだから血縁がない、とは限らない。二つの動物園の間で、過去に動物の交換が行われていれば、それぞれの動物園で生まれた個体は血縁関係にある可能性がある。また、今後も複数の動物園で個体のやり取りをしようとする場合にも、この問題は絶えず付きまとい、より複雑化していく。複数の動物園が共同で、近親交配を避けて繁殖を行うためには、国内の動物園で現に飼育されている同種の個体すべての血統をさかのぼって調べ、相互の血縁関係を明らかにする必要がある。そこで行われるようになったのが血統登録である。

　JAZAは、1983年に「希少動物等国内血統登録実施要綱」を策定し、血統登録に取り組む必要のある20種あまりの種または亜種を選定し、血統登録を開始した。血統登録は近親交配を避け、適切な繁殖を行うための手段であって、それ自体が目的ではない。血統登録データに基づく繁殖計画を立て、必要に応じて動物園間での個体の移動を行って共同繁殖を行うには、個々の動物園の利害得失を調整して合意形成を図るとともに、その計画を円滑に推進するための調整機関があると都合がよい。1988年、JAZAは、そのための機関として「種保存委員会」を設置した。現在では、その機能は2012年に設置された「生物多様性委員会」の「種保存事業部」に継承されている。

　種保存事業部では、血統登録の対象となる種ごとに選任された「種別計画管理者」が対象種を飼育している動物園からデータを収集し、スタッドブック

7.1 飼育下での繁殖事業

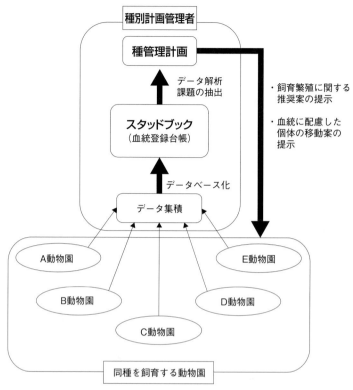

図 7-1　JAZA の個体群管理の仕組み

（血統登録台帳）を作成し、データの分析、課題の抽出を行って「種管理計画」を策定する。各飼育園は、この計画に基づき、共同で飼育繁殖に取り組む仕組みとなっている（**図 7-1**）。

7.1.4　個体群管理

　動物園が共同繁殖を行うために、必要に応じて動物園間で個体の人為的な移動を行うと、各々の施設で飼育されている個体間に相互関係が生じる。この相互関係の生じた個体の集まりは、一つの個体群とみなすことができる。動物園飼育下での繁殖事業では、この個体群を適切に管理し、維持していくことが目標となる。飼育下個体群の管理は、①飼育繁殖技術、②遺伝的管理、③人口学

的管理の三つの要素で構成される。

(1) 飼育繁殖技術

　対象種を飼育し、繁殖させる技術がまず必要であり、そして複数の動物園が共同で繁殖事業を行うため、個々の動物園における飼育繁殖技術に大きな格差がないこと、つまり飼育管理技術の標準化が重要である。

　そのためには、動物園相互の連携と交流により技術の向上に努めるとともに、基本となる科学的知見、飼育繁殖のための具体的手法を文書化した飼育マニュアルを作成し、これを共有化することが有効である。

(2) 遺伝的管理

　血統登録を開始する当初は、現存個体をすべて識別して登録番号を付す。それらの個体の1頭、1羽ずつについて飼育記録などをさかのぼって調べ、その祖先すべてに登録番号を付して登録していく。そうすると、これ以上はさかのぼれないという個体の記録に行き着く。そうした個体を、現存する個体群を形成する基礎となったファウンダー（創始個体）とし、ファウンダーの集まりをファウンダーグループ（創始個体群）として取り扱う。

　また、後に述べる人口学的管理に必要となるため、過去に各動物園で飼育されていたが、子孫を残さずに死んでしまった個体の情報を、可能な限り調べて登録する。以後は定期的な調査を行い、調査期間内に各動物園で出生、死亡した個体のすべてを登録する。

　飼育下個体群の遺伝的管理では、ファウンダーには相互に血縁がない、すなわち、同一の対立遺伝子を共有しておらず、かつ、個々の創始個体のゲノムにおいて、すべての遺伝子座で対立遺伝子がヘテロ接合しているものと仮定する。この仮定のもとで、創始個体群から現存個体群の成立に至るまでの世代交代の過程における対立遺伝子の挙動を追跡することにより、遺伝的多様性を評価し、以後の個体群管理計画を策定する。

(3) 人口学的管理

　個体群は、繁殖する個体と死亡する個体が生じることによって、時間の経過

に伴い、個体数、性比、年齢構成が変動する。その変動の様子を個体群動態と呼び、人口学的管理では、個体群動態のモニタリングと分析を行う。この場合に主な指標となるのは、出生率、死亡率、増加率、年齢構成、性比の五つである。

これらの指標を様々な角度からみることによって、飼育繁殖技術の問題点を抽出し、改善策を講じることができる。次節ではツシマヤマネコを例に、飼育繁殖技術にどのような問題点が判明し、どう改善したかを述べる。

7.1.5 ツシマヤマネコの飼育繁殖

1996年、環境省の委託を受けた長崎県により捕獲されたツシマヤマネコのオス1頭が福岡市動物園に収容され、飼育繁殖事業が開始された。翌1997年には環境省の施設として対馬野生生物保護センターが開所したが、その主な機能は傷病保護個体の救護、リハビリ、放獣および飼育繁殖用に捕獲した個体の一時収容であり、以後も捕獲された個体による飼育繁殖は福岡市動物園のみで行われてきた。

1998年に福岡市動物園での飼育個体はオス5頭、メス1頭、計6頭となり、最低で雌雄各1頭以上という繁殖に必要な条件が整い、それから2年後の2000年に初めての繁殖に成功した。その後は徐々に飼育個体数は増え、2005年には飼育頭数がオス16頭、メス17頭、計33頭となった。

このまま福岡市動物園のみで飼育繁殖を続けた場合、万が一の感染症や災害等の発生に際し、最悪の場合は飼育下の個体が全滅してしまうことが懸念された。そのため、環境省は2006年から飼育個体を分散させ、非常事態に備えることとし、まずは東京都井の頭自然文化園と横浜市立よこはま動物園ズーラシアの2箇所にオスとメスの各1頭、計2頭をそれぞれ移動させた。その後、富山市ファミリーパーク、長崎県の九十九島動植物園などに移動させ、2012年12月末には対馬野生生物保護センターも含め、計10箇所でオス19頭、メス16頭、計35頭が飼育されていた。

図7-2は1996年から2012年までの飼育下におけるツシマヤマネコの個体数の変遷を示している。このグラフだけを見ると飼育個体数は着実に増加し、分散飼育開始後の2007年以降、総個体数は35頭前後で安定しており、雌雄の

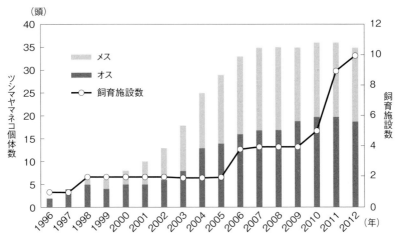

図7-2 飼育下におけるツシマヤマネコの個体数の変遷

比率もほぼ1：1である。しかし、データを詳しく分析してみると、次の三つの問題点が表出した。

①飼育繁殖技術の問題

分散飼育開始後の2007年から2012年までの出生数は合計12頭であったが、2008年と2012年は出産例がなく、2007年と2009年に各3頭、2010年に5頭、2011年に1頭の出産例があった。しかし、2010年と2011年に生まれた子は、すべて生後5日以内で死亡しており、その死因は死産や出産後の母ネコが子を噛むなどの異常行動によるものであった。この現象は母ネコへのストレスが原因と推察され、妊娠中および産後の飼育環境や飼育管理方法に改善すべき点があると思われた。

②遺伝学的管理の問題

福岡市動物園で飼育中に特定のファウンダーだけが繁殖し、数多くの子孫を残したため、個体数は増えたものの、2013年末に生存していた個体群の遺伝子プールにおいては、特定のファウンダー由来の対立遺伝子の頻度が高くなり、対立遺伝子頻度に偏りが生じていた。

③人口学的問題

2013年まで飼育下繁殖の記録によると、繁殖開始年齢はメスで1歳から、

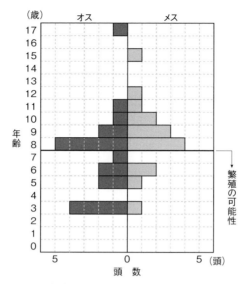

図 7-3　2012 年末における飼育下のツシマヤマネコの年齢構成

オスで 3 歳からで、オス、メスとも最高齢の繁殖記録は 9 歳であった。2013 年末の年齢構成をみると、9 歳以上の個体がオス 5 頭、メス 8 頭で計 13 頭、8 歳の個体がオス 5 頭、メス 4 頭で計 9 頭であり、見かけの個体数に対し、今後、繁殖の可能性が高い年齢層の個体が少ないことが明らかになった（**図 7-3**）。

　このツシマヤマネコの事例では、①の飼育繁殖技術の問題を解消することが、③の人口学的問題を解消することにつながるのは明らかである。そのため、2013 年から飼育環境および飼育管理方法の改善に取り組み、状況はやや好転したが、母ネコによる子の食害を回避する方法として、帝王切開により子ネコを取りだし、人の手で育てる「人工哺育」の実施も視野に入れた検討を行っている。

　また、②遺伝学的管理の問題を解決するには、いずれ野生地からファウンダーを追加導入する必要に迫られるが、野生個体群は交通事故による死亡が問題になっていることもあり、慎重に検討しなければならない。

7.1.6　動物園における種の保存の課題

　JAZA が本格的に種の保存事業を開始したことにより、いくつかの種では個体

数が増加し、比較的安定した個体群を維持できている種もある。しかし、多くの種で遺伝的多様性の喪失と個体群の高齢化は深刻である。種の保存のために必要な飼育スペースをいかに確保するかは、現在でも最大かつ困難な課題である。

そのため、2012年からJAZAは海外の動物園で行われているRegional Collection Plan（地域別収集計画）の着想を導入した。これは個々の動物園で現に展示されている種を地域の動物園全体で見直し、展示する種の取捨選択を行って展示する種数を減らし、それによって全体として種の保存のために必要な飼育スペースを創出しようとする試みである。この場合、飼育施設の互換性のある種が主な対象となる。

例えば、ツル科の鳥類は大きさや生態が似通っていて、同じ飼育施設で異なる種を飼育することができる。タンチョウを飼育している施設なら、マナヅルやナベヅルにも転用することができるのである。これら3種のツルのうち、特にナベヅルを重点的に繁殖させたい場合、タンチョウやマナヅルを飼育している動物園では、繁殖を制限して数を減らし、将来的にはタンチョウやマナヅルに替えて、ナベヅルを展示するようにシフトしていくというように、ツル科3種の中で種の保存の必要性の観点から優先順位を与え、優先順位の低い種の展示を終了させていくという考え方である。こうした着想に基づき、「JAZAコレクションプラン」が策定され、2015年に公表された。

しかし、このプランの実効性を担保するには、多くのハードルがある。上述したツルの例では、タンチョウとマナヅルの展示を終了すると決断しても、タンチョウとマナヅルの行き先がないことには変わりはなく、繁殖制限をして現在飼育中の個体が自然死するのを待つことになるので、結局は時間との闘いになる。

遺伝的多様性の喪失については、これを補う方法はファウンダーの補充しかない。つまり、国内の動物園飼育下の個体群と血縁のない個体を導入することである。外国産の種では、野生地で捕獲された個体を輸入することは事実上不可能な状況なので、同様の課題を抱えている海外の動物園との国際的な連携と交流により、ファウンダー補充の可能性を模索している。

動物園における種の保存は、すでに飼育下に存在する個体群が対象であり、その多くが外国産の種である。「JAZAコレクションプラン」で血統登録を行

表7-1 JAZAコレクションプランのJSMP種（日本産動物のみ）

哺乳類（8種）	鳥類（8種）
ツシマヤマネコ	オジロワシ
トド	オオワシ
ゴマフアザラシ	イヌワシ
ゼニガタアザラシ	シマフクロウ
スナメリ	コウノトリ
カマイルカ	タンチョウ
バンドウイルカ	マナヅル
ニホンカモシカ	ルリカケス

い、種管理計画を策定するとされている種（管理種またはJSMP種と呼ぶ）は、哺乳類で48種であるが、そのうち日本産は8種、鳥類では17種中8種である（**表7-1**）。慢性的な飼育スペースの不足に悩まされている状況で、日本産絶滅危惧種の生息域外保全に取り組むことは困難である。

　動物園は種の保存を一つの使命として取り組んできたが、日本の動物園の多くは基礎自治体の市立であり、市税を財源として運営されている。そのため、市民の直接的利益にならない種の保存を、市立動物園が市税を投じて実施するのはいかがなものか、という議論もあり、動物園の公共的機能について、社会全体で考え直す時期に来ている。　　　　　　　　　　　　　　　〔堀　秀正〕

7.2　植物の生息域外保全

7.2.1　植物の生息域外保全の変遷と現在の位置付け

　植物の種の保全という視点での栽培が広く行われるようになったのは近年であるが、植物を栽培して保存することそのものの歴史ははるかに古い。ここではまず、植物の生息域外保全（以降、域外保全）の枠組みの変遷と、現在の位置付けについて述べる。

(1) 植物の域外保全の経緯

　植物を栽培し保存することは、公的機関に限らず、企業や個人などを含め、

様々な場所で、それぞれの目的のもとに行われてきた。例えば、薬草園などで、薬として用いるために栽培されてきた植物は、当初は域外保全という視点はなかったとしても、結果として保全的な役割を果たしてきている。実際に、17世紀に徳川幕府が設けた小石川御薬園(こいしかわおやくえん)（現在の東京大学理学系研究科附属植物園、通称：小石川植物園）は現存する日本最古の植物園であるし、イギリスで有数の歴史を持つチェルシー薬草園は、その名の通り薬草園に端を発している。また、世界屈指の植物園である英国王立キュー植物園は、宮殿の庭園が設立の経緯となっている。このように、かつて別の目的から始まった植物の栽培が、現在では域外保全の役割を持つようになったケースは非常に多い。

したがって、保全に対する社会全体の意識が高くなった現在においては、これまでの栽培植物や栽培施設を、いかに有効に活用し発展させていくかが取り組むべき課題となる。1993年に生物の多様性に関する条約（以下、生物多様性条約）が発効されて以降、特に植物園においてその認識はますます強くなっている。野生植物の域外保全を通じて生物多様性保全に貢献することが植物園の主要な目的であることは、国内外を問わず、共通認識である。

(2) 日本植物園協会の取り組み

生物多様性条約の発効を受け、1995年にわが国において初めて生物多様性国家戦略が策定された。戦略のなかで、植物の域外保全については植物園等と連携を深めて取り組みを進める旨が示されている。

このような社会的情勢を受けて、日本の113（2018年現在）の植物園が加盟する日本植物園協会は、植物多様性保全委員会を設置し、全国の植物園の保全事業の現状把握を行い、その推進と支援を開始した。これにより、全国の植物園での域外保全状況が明らかとなり（遊川, 2007）、その後の保全指針の検討基盤がつくられた。さらに、2015年には、環境省自然環境局との間で、「生物多様性保全の推進に関する基本協定」を締結し、両者の連携をより強くした活動を進めていくこととなった。

このように、わが国における植物の域外保全は、植物園が主体となり推進することが明確になってきた。しかしその一方で、冒頭で述べたように、植物園以外の施設や個人などが貴重な植物を栽培している可能性は高い。植物園の位

表 7-2　植物多様性保全 2020 年目標（日本植物園協会）

ミッション	わが国のすべての野生植物種の生息域外保全と、有用植物資源の系統保存の中核として貢献する。
主な目標	・2020 年までに日本産絶滅危惧植物種の 75 パーセント（1,335 種類）の生息域外保全を実施する。 ［対応する世界植物保全戦略］目標 8 ・2020 年までに日本産絶滅危惧植物種を網羅する効果的な保全手法を提示する。 ［対応する世界植物保全戦略］目標 3、7、8 ・コレクション構築、保存、継承の方法を標準化し、さまざまな主体が連携したナショナル・コレクションを確立する。 ［対応する世界植物保全戦略］目標 8、9 ・すべての植物園で生物多様性保全の理解に資する学習支援事業を実施する。 ［対応する世界植物保全戦略］目標 14

置づけが明確になった以上、そのような植物の積極的な受け入れ先としても機能することが必要である。

　世界的にも、植物の域外保全における植物園の主導的役割はますます明確となっている。そのなかで、2002 年に行われた第 6 回生物多様性条約締約国会議（COP 6）において、世界植物保全戦略が採択された。この戦略の特徴は、目標と達成する期限を明確に示している点にある。その後、2010 年に名古屋で行われた COP10 において改定され、世界植物保全戦略 2011-2020（https://www.cbd.int/gspc/）が示された。このなかで提示された目標に直接的に対応するために、日本植物園協会は、植物多様性保全 2020 年目標（**表 7-2**）を設定し、その達成を目指して活動している。具体的な内容については、日本植物園協会（2015）を参照されたい。

7.2.2　生息域外保全の課題

　域外保全を行うためには、多様な植物を扱うことに起因する栽培そのものの困難性はもとより、他にも様々な課題がある。ここでは、域外保全にかかわる課題のなかで特に近年重要性が増してきた事項について、植物の導入から域外保全、そして野生復帰、利用に至る過程ごとに述べる。

(1) 野生から域外への導入
1) 導入する個体と個体群

　植物を栽培下へ導入する際の契機は様々であるが、域外保全の役割の一つが野生復帰のための供給個体群を保存することにあることから、導入の契機の如何を問わず、将来の野生復帰を視野に入れて導入することが必要である。つまり、導入する個体または個体群の遺伝的構造と遺伝的多様性を十分に考慮することである。遺伝的構造とは、種のなかの遺伝的変異が、種内の個体間や個体群間にどのように分布しているのかを表しており、遺伝的多様性とは、個体群や種が持つ遺伝的変異の大きさを示すものである。これらは、遺伝的撹乱や、ボトルネックによる遺伝的な縮小を防ぐために重要な情報となる。

　具体的な対応としては、導入を検討する種または個体群の遺伝的多様性を包含できるように、導入する個体群を選択することが必要である。事前に遺伝的構造および遺伝的多様性を調査することが望ましいが、緊急時で不可能な場合には、地理的に離れた個体を選択する、地理的に離れた個体の種子を広く採取する、事後に遺伝解析を行うためのDNAサンプルを採取する、などの対応が考えられる。この問題に関しては、これまで多くの研究と提言がなされているので（Guerrant et al., 2014；村上，2011；日本魚類学会，2005；水産庁，2007）、これらを参考にして可能な限りの対策を行うことが必要である。

　植物を導入する際、無制限に採集することが可能なわけではない。日本国内であれば、国立公園、国定公園、各種保護地区、天然記念物、私有地等、各場所のルールに従って採集許可申請などをしなければならない。

2) 種子保存による補完

　ここまで、生きた植物を念頭に述べてきたが、遺伝的多様性の問題などは、生きた植物の代わりに種子を導入し保存することで軽減できる場合がある。一方で、種子の発芽・保存特性が不明な種における絶滅リスクや、保存不可能な種の存在、定期的な更新（発芽、栽培、交配、採種）にかかわる多大な労力とコストなど、実際の運用面での課題も多い。現時点では、生きた植物の栽培と併用して行うことが、安全で長期的な域外保全を推進するための最善の方法と考えられる。

(2) 栽培

1) 野生種の栽培方法の検討

　域外保全を前提とした栽培が、農業での栽培と異なるのは、対象が野生種であることにある。野生植物のほとんどの種は栽培方法が未知であることから、栽培方法を検討しながら域外保全を進めることが求められる。

　この点において、植物の栽培方法に関する情報の蓄積と共有が課題になる。栽培現場での条件の検討はより実践的であり、実験区を設定することは稀である。そのため、データが統計的な数値として残りづらく、学術論文として報告することが難しい。論文ではなく、簡易な報告文を掲載できる雑誌などはこれまでもあったが、情報提示のさらなる簡易性や、横断的な検索機能を考えれば、インターネットでの情報共有システムが今後の活路となるであろう。

2) 遺伝的劣化を防ぐ栽培

　導入時のボトルネックを防いだとしても、栽培下において遺伝的多様性や適応度の低下などの遺伝的劣化が生じる懸念がある。最近、これが実際のデータから示唆される例が報告されてきたし（Ensslin *et al.*, 2015）、著者らの研究（未発表）からも示唆されてきた。つまり、寿命の短い草本植物などでの種子による世代交代の際に、自家受粉による種子生産が過剰であると遺伝的多様性の低下や、近交弱勢による適応度の低下が生じる可能性がある。また、自生地環境と栽培環境が異なる、栽培環境が画一的であることなどが原因で人為的な選抜をかけてしまい、もとの種の遺伝的特性を改変または、その変異を縮小させてしまう可能性もある。

　このような問題を防止するためには、該当種の繁殖特性や、自生地環境の調査を行ったうえで、栽培方法と栽培環境を適正にする必要がある。

3) 危険分散と複数個体群の保存

　日本植物園協会が 2015 年に行った保有調査によれば、全国の植物園において 1,076 種の絶滅危惧植物が保存されている。しかし、保有する植物園の数をみると、絶滅危惧ⅠA類（CR）では保有する 261 種のうち 79.1％が、絶滅危惧ⅠB類（EN）では 71.2％が、3 園以下の保有であることがわかった。個体数が少なければ遺伝的な多様性は極めて低いため、野生復帰に用いることは難しいし、長期的な種の存続すら危うい。そのため、一つの種について、複数の

表 7-3　植物多様性保全拠点園一覧（2018 年 7 月現在）

地域野生植物保全拠点園		特定植物保全拠点園	
北海道	北海道大学北方生物圏フィールド科学センター植物園	北海道大学北方生物圏フィールド科学センター植物園	高山植物
	旭川市北邦野草園	東北大学植物園	ヤナギ科
東北	東北大学植物園	新潟県立植物園	ツツジ属、水生植物
中部	新潟県立植物園	富山県中央植物園	高山植物、サクラ属、キク属とその近縁属、水生植物
	富山県中央植物園	安城産業文化公園デンパーク	サルビア属・ガマズミ属・ヒイラギナンテン属・ギボウシ属
	名古屋市東山植物園	国営武蔵丘陵森林公園都市緑化植物園	ムラサキ
関東	国立科学博物館筑波実験植物園	国立科学博物館筑波実験植物園	シダ植物、ラン科、ソテツ目、水生植物
	新宿御苑	新宿御苑	ラン科、ハナシノブ
	東京大学大学院理学系研究科附属植物園	東京大学大学院理学系研究科附属植物園・日光分園	温帯性テンナンショウ属
	東京大学大学院理学系研究科附属植物園・日光分園	北里大学薬学部附属薬用植物園	薬用植物
	東京都神代植物公園（植物多様性センター）	草津市立水生植物公園みずの森	水生植物
近畿	大阪市立大学理学部附属植物園	大阪市立大学理学部附属植物園	水生植物
	大阪府立花の文化園（フルルガーデン）	大阪府立花の文化園（フルルガーデン）	ラン科、カンアオイ属
	長居植物園	咲くやこの花館	マダガスカル産植物、中国高山産植物、フヨウ属、サクラソウ属
	摂南大学薬学部附属薬用植物園	摂南大学薬学部附属薬用植物園	水生生物、ウマノスズクサ科、サトイモ科、モクレン科
	京都府立植物園	京都府立植物園	ラン科、カンアオイ属、ホトトギス属
	六甲高山植物園	武田薬品工業㈱京都薬用植物園	薬用植物
	神戸市立森林植物園	兵庫県立フラワーセンター	イワタバコ科、食虫植物
中国	広島市植物公園	広島市植物公園	ラン科
四国	高知県立牧野植物園	高知県立牧野植物園	ラン科、ツツジ属、キク科、蛇紋岩植物、石灰岩植物
九州	福岡市植物園	一般財団法人沖縄美ら島財団 総合研究センター	ラン科、南西諸島の絶滅危惧植物全般
	西海国立公園九十九島動植物園		
	熊本大学薬学部附属薬用資源エコフロンティアセンター		
沖縄	熱帯・亜熱帯都市緑化植物園		

種子保存拠点園
新宿御苑
一般財団法人沖縄美ら島財団 総合研究センター

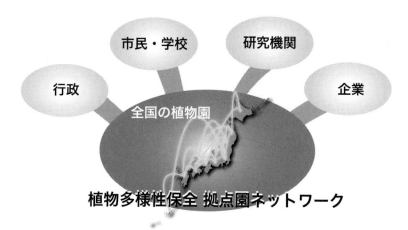

図 7-4　植物多様性保全拠点園ネットワークの概念

　地域個体群（理想的には複数の遺伝的グループ）を域外保全することが望ましい。しかし、複数の個体群の混合や交雑の危険を考えれば、一つの施設で行うことは困難である。これらの問題を同時に解決するためには、複数の施設で分担して域外保全することが必要となる。これは同時に、異常気象や病害虫などによる突発的な絶滅を防ぐ危険分散の役割も担うことができる。

　この分担をより効果的に行うため、日本植物園協会は植物多様性保全拠点園ネットワークを組織した（**表 7-3**）。各植物園が重点的に保全を進める植物群を明確にして分担することで、全体として効率的かつ充実した栽培保全を行うことを狙っている。このネットワークは、植物園が中心となり、行政、市民・学校、研究機関、企業などと連携をとりながら保全を進めることを想定しているが（**図 7-4**）、現在は個々のつながりで行われている連携を、よりオープンな形で広く進めることが今後の課題である。さらに、特定の植物群に特化したネットワーク（ラン・ネットワーク、水草保全ネットワークなど）は、より密接な連携活動を目指して活動を推進している。

(3) 利用
1）利用のための仕組みづくり
　域外保全された植物には、絶滅を回避するという基本的な役割だけでなく、様々な利用価値がある。各学術分野の研究材料、野生復帰のための供給個体群、学習用の教材など、可能性は多岐にわたり、今後、さらなる利用方法の創出、利用促進の仕組みの構築などによって、その価値はますます向上するであろう。
　しかしその一方で、野生復帰など保全に利用される場合の是非の判断とその後の監督責任、多方面からの供与依頼に対応するための予算と労力の不足などには課題がある。前者についてはより慎重な判断を行うための専門家と調査のための経費、後者については、一部を有料化するなどのシステムを準備したうえで、前向きに推進すべきである。

2）野生復帰による遺伝的撹乱
　遺伝的構造が実際に問題となるのは、域外保全個体群を利用して野生復帰を行う場合である。動物のメダカやゲンジボタルなどで提示されたような種内の遺伝的分化は、多くの植物で生じている可能性が高いため、域外保全される個体群をもとの自生地に戻す場合を除いては、DNA解析により遺伝的構造を明らかにしたうえで慎重な判断を行う必要がある。また、もとの自生地に戻す場合でも、栽培下での遺伝的劣化（7.2.2（2）2）を参照）を起こしている可能性を考慮して、慎重に検討する必要がある。

7.2.3　栽培方法の開発
　ここまで、域外保全の枠組みと現状、課題について概観してきた。以下では、そのような背景のもとに実際に行われている域外保全について、特に開発的な事例を紹介する。

(1) 栽培困難な水生植物の栽培方法の開発
　水生植物の生育環境は多様で、そのなかには特殊な環境に生育するグループがある。海中に生育する海草類、湧水域に生育するバイカモ類、急流域に生育するカワゴケソウ科などである。これらには絶滅危惧種が多いにもかかわらず、その特殊な生育環境に起因する栽培条件の設定の難しさから、栽培事例は

ほとんどない。

　水草保全ネットワークは、この栽培困難な水生植物の栽培方法の開発に取り組み、熱帯性の海草類に関しては、好適栽培条件を見出した（田中ほか, 2016）。このネットワークは、水生植物の保全に積極的に取り組む八つの植物園から構成され、バイカモ類とカワゴケソウ科についても、施設、人材面からの適所を考慮しながら条件の検討を進めている。さらに、各園で栽培する水生植物のリストを統合・共有し、ネットワーク内での総合的な水生植物保全計画を推進している。ネットワークによる栽培保全の実践例として、複数の植物園や他機関等の連携における今後の取り組みのあり方を示すものと考えられる。

(2) レブンアツモリソウの増殖

　レブンアツモリソウは、北海道礼文島にのみ自生するラン科の多年生植物で、園芸目的の盗掘により個体数が減少し、絶滅危惧種ⅠB類に指定されている（環境省, 2015）。本種は、野生状態では菌の1種と共生することで発芽が可能となるが、栽培下での好適発芽・育成条件は不明であった。

　北海道大学北方生物圏フィールド科学センター植物園および同大学農学部では、本種の人工増殖・育成方法の確立に取り組み、人工的に共生菌を接種して発芽させることに成功した。さらに、この方法で育成した個体は、既存の発芽・育成方法であった無菌培地での培養方法に比べて、その後の生育が良好であることを明らかにした（冨士田, 2015；永谷ほか, 2015）。

(3) 野生絶滅種コシガヤホシクサの栽培

　コシガヤホシクサは、ホシクサ科の一年生の水生植物で、記録のある2箇所の自生地からはいずれも絶滅し、茨城県の1箇所の個体群が生息域外保全されるのみの野生絶滅種である。国立科学博物館筑波実験植物園は、本種の自生地への野生復帰を前提とした生息域外保全および保全研究に取り組んでいる（Tanaka *et al.*, 2014; 2015；田中, 2013）。これにより、好適環境条件の解明ともとの自生地への播種により、断続的な個体群の再生に成功した。しかし一方で、栽培環境と繁殖環境によっては、遺伝的劣化をもたらす可能性が示唆されてきた。そこで、繁殖方法と適応度の調査、さらに一度に数億から数十億の塩

基の DNA 解読が可能な次世代シーケンサーを用いた遺伝解析により、遺伝的劣化を防ぐ栽培繁殖方法の検討を開始した。

個体数が少なく、一年草のような世代交代が速い種においては、生息域外保全における遺伝的劣化は極めて深刻な課題である。にもかかわらず、理論上の議論は多いものの、実際の検証や取り組みは非常に限られている。この問題への真摯なアプローチは、今後の生息域外保全の意義を左右するほど重要なものととらえるべきである。

7.2.4　今後の展開

以上で述べたような背景のもとに、野生植物の生息域外保全は植物園を中心に進めていくことが、社会的にも認識されるようになってきた。しかしその一方で、生息域外保全において重要な役割を担っている動物園と同様に、植物園の予算・人的基盤はあまりにも脆弱と言わざるを得ない。そのなかで山積する課題に取り組み、成果を出すには、何らかのブレークスルーが必要である。そのキーワードは二つ、ネットワーク化と情報公開にある。

冒頭で述べたように、もともと植物の栽培保存は植物園に限らなかったが、現在では植物園に責任が集中しており、それを担保するには、まず植物園以外の機関や個人のもとにある栽培保存植物そのもの、あるいは情報を植物園に集約させることが必要である。そのために関係者間のネットワークは有効に機能するであろう。同時にネットワーク化は、危険分散や複数個体群の保存、多様な野生種の栽培方法の開発、遺伝的劣化の防止等、多くの課題の解決に寄与できる。さらに、情報公開は、そのような埋没しかねない情報の掘り起こしにも役立つことから、栽培保存植物の有効な利用の促進のためにも広く社会への情報公開は必須である。それはまた、野生復帰やその後の生息域内保全等における活動媒体とのネットワーク化にも発展できる。

ネットワーク化や情報公開は、情報の不適切な利用に晒される危険を伴うが、それを安全に実現する仕組みの達成こそが、予算や人的な限界を迎えている日本の植物園が野生植物の生息域外保全に責任を持つために必須のブレークスルーだと考える。

〔田中法生〕

[引用文献]

Ensslin, A., Tschope, O., Burkart, M. and Joshi, J. (2015) Fitness decline and adaptation to novel environment in *ex situ* plant collections: Current knowledge and future perspectives. *Biologival Conservation* **192**: 394-401.

冨士田裕子 (2015) 高山帯や寒冷地の絶滅危惧植物の保全・栽培とその課題.「日本の植物園」(日本植物園協会 編), 八坂書房, pp.150-154.

環境省 (2015) 環境省レッドリスト 2015. 植物Ⅰ (維管束植物).

村上伸茲 (2011) ホタル移植指針課題への取り組み―市民活動団体への呼びかけのために―. 全国ホタル研究会誌 **44**: 27-32.

永谷 工・高田純子・志村華子・幸田泰則 (2015) 無菌発芽および共生発芽由来のレブンアツモリソウの生育比較・開花特性. 園芸学研究 **14**(2): 147-155.

日本魚類学会 (2005) 生物多様性の保全をめざした魚類の放流ガイドライン

日本植物園協会 編 (2015) 日本の植物園. 八坂書房.

水産庁 (2007) アマモ類の自然再生ガイドライン

Tanaka, N., Goto, M., Suzuki K., Godo T., Kato J. and Kamijo T. (2014) Seed germination response to storage conditions of *Eriocaulon heleocharioides* (Eriocaulaceae), an extinct species in the wild. *Bulletin of National Museum of Nature and Science, Ser. B* **40**(2): 95-100.

Tanaka N., Ono, H. and Nagata, S. (2015) Floral visitors of *Eriocaulon heleocharioides* (Eriocaulaceae), an extinct aquatic species in the wild. *Bulletin of National Museum of Nature and Science, Ser. B* **41**(4): 179-182.

田中法生 (2013) 異端の植物「水草」を科学する. ベレ出版.

田中法生・久原泰雅・厚井 聡・藤井聖子・川住清貴・中田政司 (2016) 栽培困難水生植物の育成方法の開発. 日本植物園協会誌 **51**: 61-64.

遊川知久 (2007) 日本の植物園における絶滅危惧植物保全の現状.「日本の植物園における生物多様性保全」(石田源次郎・岩科 司・小西達夫・倉重祐二・老川順子・遊川知久 編), pp.44-62.

7.3 ハビタットの造成による飼育・栽培

　絶滅危惧種を現在の自生地以外で保護・保全を行う場合においては、新たに生育環境(ハビタット)を創出する必要が生じる。ここでは、絶滅危惧種のために造成された生育環境の保全や、対象種の飼育・栽培の技術について解説する。

7.3.1　ハビタットを造成する目的と効果

　環境アセスメントにおけるミティゲーションや種の保存法においては、絶滅危惧種は生育域内での保全が優先され、生育域外での保全は代替手段とされている。また、生育域外から生育域内への移動についても、十分に注意すべきこととされている（環境省環境影響評価課 編，2001）。しかし実際には、以下のような目的の達成や効果を期待して、ハビタットの造成が行われている。

(1) ハビタット造成の目的

　現在の生育域外にハビタットを造成する目的には以下のものがある。これらのうち、単一の目的で行われることもあるが、事業の効果や効率、価値を高めるために複合的に達成しようとすることもある。
　①開発等により影響を受ける絶滅危惧種のミティゲーション
　②各種の要因によってすでに失われた、絶滅危惧種の生育環境の復元
　③絶滅危惧種の保全および復帰・再導入と、その技術の研究
　④絶滅危惧種の生態の研究
　⑤啓発や環境教育など、人と生きものとのふれあいの場の整備

(2) ハビタット造成の効果

　ハビタットを造成して絶滅危惧種を飼育、栽培、保全することには、以下の効果があると考えられる。
　①すでに環境が失われた場所であれば、既存の環境を破壊することがない。
　②生育を阻害する要因を排除しやすい。
　③集中的に管理しやすい形態にできる。
　④モニタリングしやすい形態にできる。
　⑤ふれあいの場を確保し、啓発や環境教育を実施できる。
　特に都市部で絶滅危惧種を飼育、栽培、保全することの意義には次のものがある。
　①絶滅危惧種を通じた環境教育を、郊外よりも多くの人が受けやすい。
　②本来の自生地を破壊することなく絶滅危惧種にふれあうことができ、保全する意味について理解する機会が増える。

③新たなステークホルダーとしての民間企業が参入しやすい。
④環境創出自体が都市部の危機的な生物多様性を向上させる。

また特に、今後期待される民間企業の参入では、企業イメージの向上だけでなく不動産価値の向上や新たな商品開発への貢献など、企業参入のインセンティブとしての意義が認められるようになっている。

7.3.2 ハビタット造成の配慮事項
(1) 基本的な考え方

ハビタット造成の基本的な考え方としては、環境アセスメントのミティゲーションにおける代償の考え方や野生復帰の考え方が参考となる。ミティゲーションにおける代償とは、消失するまたは影響を受ける環境に見合う価値の場や機能を新たに創出して、全体としての影響を緩和させる措置である。また、野生復帰を前提とした域外保全の考え方はIUCNや環境省によって整理されており（環境省自然環境局野生生物課，2013）、いずれも対象とする種の生態を理解し、代償行為自体の影響に対して十分な検証を行うこととされている。

(2) 絶滅危惧種の移動に際しての配慮事項

絶滅危惧植物の移植については、以下のように考え方がまとめられたものがある（仲辻・亀山，2001）。
①対象となる種の生活史や生育環境について、十分な知見を持つことが必要である。
②移植の事例が乏しいことから、移植地の選定を慎重に行う。
③種の絶滅を防ぐため、他の場所で増殖して危機回避する。
④失敗を防ぐために移植を段階的に行う。
⑤移植後のモニタリング調査を継続的に行う。
⑥移植地は自生地からできる限り近い距離にあること（種の供給ポテンシャルへの配慮）。
⑦移植地の環境と自生地の環境が類似であること（生育環境ポテンシャルへの配慮）。
⑧移植地においても、自生地と同様の維持機構で植物群落を維持することが

可能であること（社会的環境ポテンシャルへの配慮）。
　なお、動物の移動に関しても基本的な配慮事項は同様と考えられるが、生態が異なるため、種ごとの検討が必須となる。

(3) ハビタット造成の課題

　ハビタットの造成で絶滅危惧種を飼育、栽培、保全する際の課題として、特に以下に対しては継続して検討していく必要がある。
　①河川の氾濫や土砂の移動など、気象や自然現象を疑似的に再現する必要がある。
　②種の逸出を考慮し、構造や配置を検討する必要がある。
　③共生関係を含めた生態系の維持が必要となる。
　④上記を含めた生活史、生態の知見が不足しているため、継続した調査が必要である。
　⑤ふれあいや環境教育などの利用と保護との折り合いをつける必要がある。
　⑥関係者、団体との合意形成を図り、整備後に積極的にかかわれる仕組みをつくる必要がある。
　⑦調査費、管理費を確保する必要がある。

7.3.3　ハビタット造成地の種別

　ハビタットの造成は**図 7-5** のように、国土全域において海洋、干潟、河川、農地、森林、都市など、様々な区域が想定される。
　ハビタットの造成地には、①もともと自然環境が多い地域と、②すでに開発が進んで人工的な環境が多い地域が想定される。もともと自然環境が多い地域は保全対象種の生育に適しているのであればそのままでよいが、適していない場合は環境を改変する必要があり、原則的には推奨できない。一方で、すでに開発されて自然環境が失われた場所である場合は対象種に合わせた環境を新たに創出する必要があり、創出された環境が周囲の環境にどのような影響を及ぼすかも想定する必要がある。

7.3 ハビタットの造成による飼育・栽培

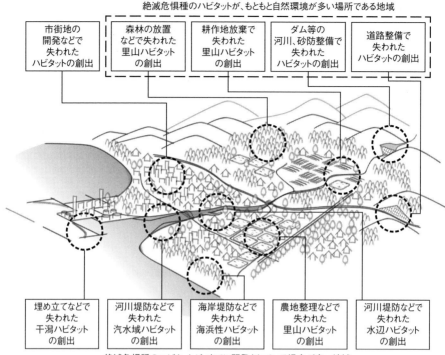

図 7-5 ハビタット造成地の種別

(1) 都市空間

2011年春に全面開業した東京都世田谷区の複合施設である二子玉川ライズでは、開発のコンセプトを「水と緑と光の豊かな自然環境と調和した街づくり」として、カワラノギク（環境省 RL：絶滅危惧Ⅱ類、東京都 RL：区部で絶滅／北多摩・南多摩で絶滅危惧ⅠA類／西多摩で絶滅危惧Ⅱ類）の保全に取り組んでいる（東京急行電鉄，2016；二子玉川東第二地区市街地再開発組合，2014）。

この事例では、エコミュージアムとして位置付けた屋上緑化に、隣接する多摩川と国分寺崖線の生態系に倣った環境を創出しており（**図 7-6**，**図 7-7**）、次の点で特徴的である。

1) 整備段階の特徴

①地上部から隔離された屋上空間である。

93

図7-6　屋上に創出された多摩川流域の水辺環境　　図7-7　カワラノギクの生育環境創出区域

②地域の植生に基づいて植栽されている。
③高木類などの植栽材料は周辺地域から調達している。
④草本類の多くは同じ流域から採取した種子から栽培して植栽している。
⑤かつてはこの地域にも生育していた絶滅危惧植物のカワラノギクを育成・栽培している。
⑥絶滅危惧植物だけでなく多摩川の植生および自然景観を創出し、景観の復元を行っている。

2）管理運営段階の特徴
①環境教育の場として位置づけ、地域住民の参加と交流を図っている。
②商業施設と隣接しており、多くの人がふれあえる場所となっている。
③順応的な管理運営体制が整備段階から計画的に整備されている。
④継続的に専門家がかかわり、モニタリングを行っている。
⑤企業イメージの向上だけでなく、不動産価値の向上や新たな商品開発へ貢献している。

(2) 人工干潟

東京湾の河口や海岸では様々な人工渚、人工干潟が造成され、埋め立てや護岸整備によって失われた生態系の復元を試みている。基本的にはもともと渚や干潟があった場所の代替行為である。

江戸川の河口では護岸整備によって失われるトビハゼの生息域を、干潟の形

態を再生する護岸構造によって最小化し、トビハゼの生息域の保全に効果を示した。この事例での特徴は以下のとおりである（柵瀬，1994）。

①計画当初から関連団体や専門家と協議し計画を進めている。
②事前にトビハゼの生態を調査し、その結果をもとに計画を立案している。
③整備後のモニタリングにより効果の検証を行っている。
④木杭、蛇籠（じゃかご）、泥の移設など、自然素材を用いた再生を行っている。

(3) 河川

河川では、治水のために中・下流域の自然護岸は失われつつある。このような状況で州浜や瀬、ワンドなどの多様な河川構造を人工的に再現し、絶滅危惧種を保全することが重要になっている。

ダムや水制工によって安定しているとはいえ、河川環境は流水や土砂による変動が激しく、人工的な環境は将来を予測しきれない。しかし、このような変動の多い環境に依存している絶滅危惧種にとっては重要な環境であり、創出技術の向上が必要となる。宮崎県北部を流れる北川（きたがわ）の人工ワンドでは、自然に形成されたワンドと同様な生物相が確認され、効果が確認されているが、流水による変動については継続的なモニタリングと管理が必要とされている（中島，2008）。

(4) 閉鎖水域

栃木県大田原市の滝岡ミヤコタナゴ保護地は圃場整備に伴って失われるミヤコタナゴの生息地を確保するために創出された保護地であり、継続的に調査や管理が行われている。近年、生息数が減少し、再生のための改修工事を行う際に試験場に避難、飼育していた個体の放流も行っている（人見，1993）。このように、一度整備された環境でも管理を継続しなければ維持できないことが多い。特に、農的環境に依存する種は、農業の営みが変化したために減少している場合が多く、人為的な管理は欠かせない。また、付近のもとの自生地である羽田ミヤコタナゴ生息地保護区では近年生息が確認できず、試験場で系統保存された種の再放流が行われた（栃木県，2013）。

徐々に生息地が減少するなかで、人工的な環境での管理の取り組みは本来の

生息地での管理にフィードバックすることができるとともに、系統保存の観点からも重要であると考えられる。

7.3.4　おわりに

　ハビタットの造成技術を用いる際には、その背景や地域の違いによって様々な方法論や環境の形態が考えられ、留意していく必要がある。また、ハビタットの造成技術は、自然保護を原理的にとらえる場合において一般的に敬遠される技術であるが、すでに自然環境が失われている場所では必要とされる技術であり、その意義について広く周知していく必要がある。〔板垣範彦〕

[引用文献]

二子玉川東第二地区市街地再開発組合（2014）二子玉川東第二地区市街地再開発 LANDSCAPE BOOK
人見　允（1993）圃場整備とミヤコタナゴ保護．農業土木学会誌 61(11): 1005-1008.
環境省環境影響評価課 編（2001）自然環境のアセスメント技術（Ⅲ）〜生態系・自然との触れ合い分野の環境保全措置・評価・事後調査の進め方〜
環境省自然環境局野生生物課（2013）環境省の作成した絶滅のおそれのある野生動植物種の生息域外保全実施計画作成マニュアル
中島　淳・江口勝久・乾　隆帝・西田高志・中谷祐也・鬼倉徳雄・及川　信（2008）宮崎県北川の河川感潮域に造成した人工ワンドにおける魚類，カニ類，甲虫類の定着状況．応用生態工学 11(2): 183-193.
仲辻周平・亀山　章（2001）ミティゲーション．ソフトサイエンス社，pp.144-155.
柵瀬信夫（1994）環境教育と護岸改修．土木学会地球環境シンポジウム講演集，pp.245-250.
栃木県（2013）明日をつくる子どもたちの環境学習―環境学習プログラム中学生・高校生編―，p.69.
東京急行電鉄（2016）東京急行電鉄環境報告書 2016，pp.6-7.

野生復帰・再導入

8.1 野生生物保護から野生復帰へ

　絶滅のおそれのある野生生物を保護するためには、個体数を減少させている生息地の破壊、外来種の移入などの原因を取り除くことが望ましい。しかし、個体数の減少が著しく、原因を取り除くだけでは絶滅を防げない場合には、野生生物を飼育下において保護することが緊急手段としてとられ、最終目標として「増殖」を経て、野生に帰す「野生復帰」が行われる（本田，2008）。

　動植物の新しい個体群を導入する野生復帰には、基本的には三つのアプローチ、すなわち、①飼育下の個体あるいは野生捕獲された個体を、その個体群のかつての生息地へ放す方法（再導入）、②すでに存在している個体群のなかに新たな個体を導入することで個体群を増大させること、遺伝子プールを増加させること（増大）、③植物や移動性の高い動物などを本来の生息地へ導入し、新しい個体群を設置すること（導入）、が用いられる（プリマック・小堀，1998）。

　野生復帰における飼育繁殖には、有効な点と問題点が存在する。有効な点では効率的な増殖と遺伝的な管理が挙げられ、問題点では、飼育繁殖における大きなプロジェクトが必要なこと、飼育繁殖管理が困難なこと、飼育繁殖個体の生息環境の保全がおろそかにされること、などが挙げられる（丸，1996）。

8.2 野生復帰・再導入の考え方

わが国において、野生復帰・再導入がどのように行われているのかについて概説する。

環境省（2011）によれば、野生復帰とは「生息域外におかれた個体を自然の生息地（過去の生息地を含む）に戻し、定着させること」と定義されている。生息域内から創設集団（以下、ファウンダーとする）として野生復帰に適した個体群を確保するとともに、飼育・栽培下での科学的知見の集積、人為下での馴化訓練を行い、野生復帰させる（図8-1）。

ここで問題となるのが、ファウンダーの遺伝的多様性の確保である。絶滅に瀕する種は、生息地における個体群サイズが小さく、そのなかから限られた個体を得ることになるため、ファウンダーの遺伝的多様性は野生集団のものよりも近親交配が進んでいる可能性がある。野生集団が残っている場合には、遺伝的多様性を確保するために野生個体を飼育個体へ加えることが重要であるが、

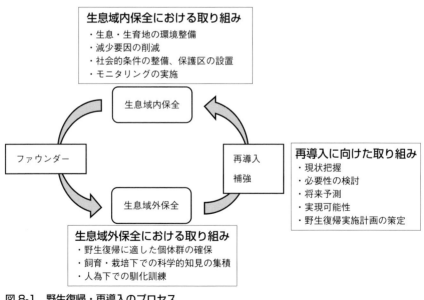

図8-1　野生復帰・再導入のプロセス
環境省（2011）p.3の図をもとに作成

すでに野生絶滅している種では困難な場合が多い。

　生息域外保全では、動物園や植物園の役割が重要となる。例えば、東京都では、1986年に希少動物の保護増殖に関する「ズーストック計画」を策定し、希少種50種をズーストック種として東京都の上野動物園、多摩動物公園、葛西臨海水族園、井の頭自然文化園、大島公園動物園の五つの施設で役割分担を行った（小宮，2001）。

　生息域内では、生息・生育地の環境整備、主たる減少要因の大幅な削減、社会的条件の整備、保護区の設定、モニタリング調査等の取り組みが必要である。例えば、環境省（2016）の「トキ野生復帰ロードマップ2020」によれば、野生下のトキに関する佐渡島内・本州での新たなモニタリング体制の検討・構築、採餌環境等の生息環境維持、農家やトキ関連活動団体への支援体制整備、観察施設等の整備や「トキと共生する佐渡」の情報発信による佐渡島内外への普及啓発などが、目標達成のための取り組みとして示されている。

　野生復帰は、IUCN/SSC（2013）の「再導入とその他の保全的移殖に関するガイドライン」（以下、「IUCN再導入ガイドライン」とする）に沿って実施される。IUCN再導入ガイドラインでは、再導入の基本的なねらいは、野外で全域的あるいは地域的に絶滅に至った種、亜種あるいは品種の個体群を、野外で存続可能な自立個体群として定着させることである。再導入はその種のもともとの自然生息地・分布範囲のなかで行うべきであり、最低限必要な長期的管理が求められる。そもそも、再導入は、本来の生息地周辺か他地域で行われるよりも、本来の生息地内で行われたほうが、その成功率が高い（Griffith *et al.*, 1989）。

　野生復帰・再導入の効果として、例えば、コウノトリは多様なハビタットで多様な生物を捕食しており、再導入の成否は生物群集を再生することにかかっているため、地域の生物多様性の保全を通じて生態系サービスを維持するという地域社会に共通の課題にも貢献することになる（内藤ほか，2011）。トキやコウノトリにみられるような、地域文化の再生や地域社会の活性化といった社会的効果、環境学習や普及啓発への活用による教育効果も想定されている（環境省，2011）。

8.3 日本における野生復帰・再導入

日本における野生復帰・再導入の事例は、鳥類ではトキ（*Nipponia nippon*）、コウノトリ（*Ciconia boyciana*）がすでに行われており、哺乳類では国内初となるツシマヤマネコ（*Prionailurus bengalensis euptilurus*）の野生復帰を目指した「ツシマヤマネコ野生復帰技術開発計画」が検討されている。環境省の「保護増殖事業計画」の一覧（環境省 Web サイト）には、哺乳類 4 種、鳥類 15 種、両生類 1 種、魚類 4 種、昆虫類 10 種、小笠原陸産貝類 14 種、植物 16 種が記載されており、それぞれ保護増殖事業が計画・実施されている（2019 年 2 月現在）。

8.3.1 トキの野生復帰・再導入

日本のトキは、明治時代以降、乱獲に加えて山間部の水田などの生息地の消失が原因で急速に減少した。環境庁（当時）は日本のトキを絶滅させないよう、1981 年、佐渡島に残っていた野生個体の最後の 5 羽を捕獲して、人工飼育に踏み切った。これにより、日本の野生個体群は消滅し、野生絶滅した（永田，2012）。捕獲されたトキは佐渡トキ保護センター（旧施設）で飼育され、人工繁殖が試みられた。1985 年からは遺伝的に同一種とされる中国産トキと日本産トキの交配が行われ、飼育下における増殖が進められていった（永田，2012）。その後 2003 年に日本産トキは絶滅したが、1999 年に中国から贈呈されたトキのペアによる交配が成功して以降、順調に飼育個体数を増やしてきた。

そうしたなか環境省は、2003 年 3 月に「地域環境再生ビジョン」を策定し、2004 年 1 月に種の保存法に基づく「トキ保護増殖事業計画」を改定した（農林水産省ほか，2004）。「地域環境再生ビジョン」（環境省，2003）によれば、放鳥個体を確保するために、遺伝的多様性に配慮したトキの飼育増殖を行い、放鳥個体の供給源としての飼育個体群を維持し、放鳥のための馴化訓練施設を設置している。トキが生息できる自然環境をつくるために、棚田を復元し、ビオトープを設置すること、環境保全型農業を推進して餌生物を増やすこと、営巣木を保全することなどが盛り込まれている。そして、トキとの共存に向けた地域社会づくりのため、社会環境を整備し、環境教育が行われている（環境省，2003）。2004 年 1 月には、かつてのトキの生息地であった佐渡島への再導

入を目標に位置づけ、環境省は河川を所管する国土交通省と農地および森林を所管する農林水産省を事業関係省庁に加え、3省の連名による新たな「トキ保護増殖事業計画」（2011年1月29日農林水産省，国土交通省，環境省告示第1号）が策定された。

そして、2008年からトキの野生復帰に向けての放鳥が始まり、2008年9月25日にトキの雌雄各5羽、合計10羽がハードリリース法で試験放鳥され、2009～2010年まで毎年1回、ソフトリリース法で放鳥が実施された。ハードリリース法は箱のなかにトキを入れ一斉に野生下に放す方法であり、ソフトリリース法はケージのなかで一定期間飼育した後にトキが自然に出てくるのを待つ方法である。2009年秋に19羽、2010年に13羽、2011年以降は毎年2回の放鳥が実施され、2011年には36羽、2012年には30羽の合計108羽が放鳥され、2019年2月5日時点で327羽が放鳥されている（環境省佐渡自然保護官事務所Webサイト）。

佐渡島では、放鳥に向けた自然環境整備として、①河川敷の掘り下げ、生物の生息地となる湿地・浅場の創出、三面張の河道の改良、河道への石の配置・落差の解消などの川づくり、②餌場となる棚田やビオトープの整備、③国有林や官行造林地における営巣木となるアカマツの松くい虫対策などの森づくり、④水田を利用したビオトープの造成、水田魚道の設置、水田内ビオトープの役割をする「江（え）」の設置など、トキの餌場としての多様な生物の生息する農地整備などが行われた（長田，2012）。

野生復帰を効果的に進めていくうえでは、①トキの飼育繁殖・訓練・放鳥、②餌場・ねぐら等の自然環境の整備、③それらを支える制度や環境教育、合意形成・市民参加・CSRの推進等の社会環境整備の三つの取り組みを多様な関係者の協働により効果的に推進し、並行して実施するモニタリングの結果を活用して、さらに事業の方向性について継続的に改善を加えるという順応的な管理プロセスが実施されている（**図8-2**；長田，2012）。

トキのモニタリングは、野生下のトキの現状を把握し、野生復帰の取り組み方針に反映させること、トキと人が共生できる生息環境をつくることを目的として実施されており、個体ごとに識別可能な足環が装着され、観察した場所、日時、行動などが記録されるとともに、GPS発信機が装着された個体は、位

第8章　野生復帰・再導入

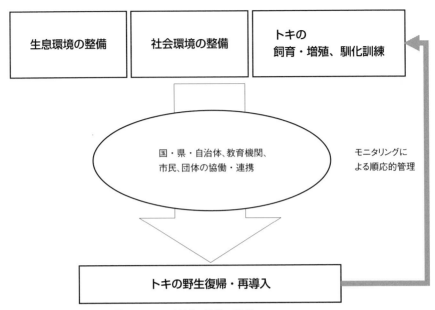

図 8-2　野生復帰・再導入における地域の協働・連携
環境省（2017）を改変

置が継続的に記録されている（環境省 Web サイト，2019 年 2 月現在）。

　環境省は、2013 年 2 月に「トキ野生復帰ロードマップ」を作成し、2014 年 6 月時点のトキの定着羽数は 75 羽となり、2016 年 3 月にはトキ 220 羽を佐渡島内に定着させるとして「トキ野生復帰ロードマップ 2020」が作成され（環境省，2016）、現在もトキの野生復帰を推進している。

　2008 年から始まったトキの野生復帰の経過は順調であり、2019 年 1 月 24 日、環境省は、レッドリストで「野生絶滅」としていたトキを、絶滅の危険性が 1 ランク低い「絶滅危惧 I A 類」に変更した（環境省，2019）。

8.3.2　コウノトリの野生復帰・再導入

　兵庫県豊岡地域では、1955 年から官民一体となった組織的なコウノトリ保護運動が起こり、1965 年からは兵庫県による人工飼育が始まって、1999 年には兵庫県立大学併設の研究機関であるコウノトリの郷公園が開園し、2005 年からはコウノトリの郷公園により試験放鳥が行われた（コウノトリ野生復帰検

証委員会，2014)。コウノトリの郷公園は，コウノトリの種の保存と遺伝的管理，野生化に向けた科学的研究および実験的試み，人と自然が共生できる地域環境の創造に向けての普及啓発の三つを基本的機能としている（内藤・池田，2001)。

野生復帰・再導入に向けた事前の研究として，過去の生息環境を知るために，明治時代後半の地形図，1950 年代に撮影された空中写真や地域住民への過去の目撃に関するアンケート調査から，かつての生息地利用を明らかにするコウノトリ目撃地図（1910 年代）を作製した。また，再導入の準備の段階でどの程度の餌生物が存在しているかを明らかにするため，水田，水田周辺の農業用水路，河川の浅場，草地において調査が行われた（内藤・池田，2001；内藤ほか，2011)。また，飛来した個体の観察による採餌場所の季節変化の把握，採餌場所の餌生物量の調査などが行われた（内藤ほか，2011)。圃場整備が計画・実施されていた地区を中心に，いくつかの地区では小規模水田魚道の設置や生物の生息環境を考慮した水路の改修が進められた（内藤ほか，2011)。モニタリングには，電波発信機や人工衛星によるアルゴスシステム，直接観察などが用いられ，地域住民を交えた体制が構築されている（内藤ほか，2011)。

コウノトリ野生復帰検証委員会は，豊岡地域におけるコウノトリと共生する地域づくりの取り組みを振り返り，豊岡地域における取り組みの広がりのメカニズムのポイントを整理し，そのポイントを総括して，①地方における自然財を活かした持続可能な地域づくりモデル，②心の動きを推進力とした「共感の連鎖」誘発のモデル，③「科学」と「行政」と「地域社会」の連携モデルの三つを「ひょうご豊岡モデル」としてまとめている（コウノトリ野生復帰検証委員会，2014)。

8.4 多様な主体の協働・連携と地域づくり

野生復帰の対象となる種の絶滅の危機に瀕した要因が，農業や漁業活動，あるいは狩猟などの場合には，まず，放す地域の住民に計画を理解してもらい，協力を求めなければならない（丸，1996)。

中津ほか（2016）は，トキを地域資源としてとらえ，トキの活用が観光収入

や交流人口の増加、里地里山への関心の喚起、地域の魅力の向上とその認知の拡大、環境保全意識の向上などの効果が生まれ、これらの効果は、中山間地域や離島地域の振興や社会の持続にとって重要であるとしている。例えば、農業に関して豊岡では、生産される米を「コウノトリ育むお米」としてブランド化して無農薬・減農薬栽培を奨励するとともに、冬期湛水などを行う農家に対して委託料を支払っている（本田，2012）。他の野生復帰事業が行われる地域でも、対象生物の生息環境整備に協力的な農法で生産される農作物を地域ブランド化（新潟県佐渡島の「朱鷺と暮らす郷」米や、長崎県対馬島の「佐護ツシマヤマネコ米」）することで、地域に便益をもたらしている（本田，2012）。

一方で、トキやコウノトリにおいて、野生復帰に対して地域住民は、「地域の象徴」や「自然環境の象徴」としてとらえているものの、「経済効果をもたらすもの」としてのとらえ方は少ない（本田，2009；本田・林，2009）。野生復帰について、地域住民が「強いられた共生」として受け入れつつも、地域資源としてとらえ、地域での役割を付与することにより、双方のメリットのある

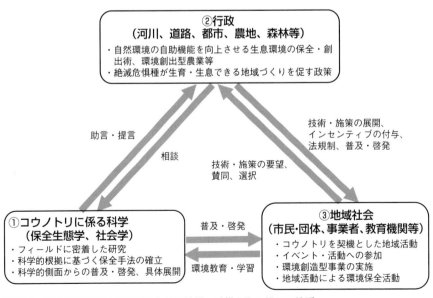

図 8-3　野生復帰における多様な主体の協働・連携と取り組みの体系
コウノトリ野生復帰検証委員会（2014）を改変

共生関係が生まれている（本田，2008）。地域住民が野生復帰に対して「強いられた共生」と受け止めずに、野生生物の保全のための環境教育・啓発活動を推進するためには、国や都道府県、自治体などの野生復帰事業の主体者が環境教育の内容や範囲を決定するのではなく、受け手となる地域住民が望むようなものを提供することが重要である（高橋・本田，2015）。

コウノトリ野生検証復帰委員会（2014）によれば、豊岡地域の取り組みは、①コウノトリに係る科学、②行政、③地域社会（コミュニティ）の連携が特徴であり、このことが取り組みの原動力になったとしている。取り組みの連携体制として、「行政」は、コウノトリに係る「科学」からの助言・提言を受け止め、技術・施策を「地域社会」に展開し、「地域社会」は、コウノトリに係る「科学」からの普及・啓発を理解し、文化的・社会的な地域再生の取り組みを進めている（図8-3）。　　　　　　　　　　　　　　　　〔園田陽一〕

[引用文献]

Griffith, B., Scott, J. M., Carpenter, J. W. and Reed, C. (1989) Translocation as a species conservation tool: status and strategy. *Science* **245**: 477-480.
本田裕子（2008）野生復帰されるコウノトリとの共生を考える「強いられた共生」から「地域のもの」へ．原人舎，316pp.
本田裕子（2009）放鳥直前期におけるトキ放鳥への住民意識：佐渡市全域のアンケート調査から．東京大学農学部演習林報告 **121**: 149-172.
本田裕子（2012）地域への便益還元を伴う野生復帰事業の抱える課題―兵庫県豊岡市のコウノトリ野生復帰事業を事例に―．環境社会学研究 **18**: 167-175.
本田裕子・林　宇一（2009）放鳥直後期におけるトキ放鳥への住民意識―佐渡市全域のアンケート調査から―．山階鳥類学雑誌 **41**(1): 74-100.
International Union for Conservation of Nature (2013) Guidelines for Reintroductions and Other Conservation Translocations version 1.0: International Union for Conservation of Nature. Species Survival Commission, 34pp.
環境省（2003）佐渡地域環境再生ビジョン．2003年3月26日発表．
環境省（2011）絶滅のおそれのある野生動植物種の野生復帰に関する基本的な考え方．2011年3月31日発表．
環境省（2016）トキの野生復帰ロードマップ2020．2016年3月25日発表．
環境省（2017）トキのすがた―より確かなトキの定着に向けて―．環境省関東地方環境事務所佐渡自然保護官事務所，7pp.
環境省（2019）環境省レッドリスト2019補遺資料

https://www.env.go.jp/press/files/jp/110616.pdf　（2019 年 2 月確認）
環境省 Web サイト「保護増殖事業」
　　http://www.env.go.jp/nature/kisho/hogozoushoku/index.html　（2019 年 2 月確認）
環境省佐渡自然保護官事務所 Web サイト「放鳥トキ情報」
　　https://blog.goo.ne.jp/tokimaster　（2019 年 2 月確認）
小宮輝之（2001）種の保存と動物園．2001 年度公開シンポジウム「21 世紀の動物園と希少動物の繁殖」記録．
コウノトリ野生復帰検証委員会（2014）コウノトリ野生復帰に係る取り組みの広がりの分析と評価―コウノトリと共生する地域づくりをすすめる「ひょうご豊岡モデル」―．コウノトリ野生復帰検証事業共同主体，201pp.
丸　武志（1996）飼育繁殖を利用した希少種の保全．「保全生物学」（樋口広芳 編），東京大学出版会，pp.165-190.
永田尚志（2012）トキの野生復帰の現状と展望．野生復帰 **2**: 11-16.
内藤和明・池田　啓（2001）コウノトリの郷を創る：野生復帰のための環境整備（＜特集＞生物多様性と造園学）．ランドスケープ研究 **64**(4): 318-321.
内藤和明・菊地直樹・池田　啓（2011）コウノトリの再導入―IUCN ガイドラインに基づく放鳥の準備と環境修復―．保全生態学研究 **16**: 181-193.
中津　弘・豊田光世・永田尚志（2016）トキの野生復帰を地域づくり・環境保全の機会として活用する．野生復帰 **4**: 103-110.
農林水産省・国土交通省・環境省（2004）トキ保護増殖事業計画．2004 年 1 月 29 日発表．
長田　啓（2012）トキ野生復帰事業の経過―事業の枠組み・推進体制を中心に―．野生復帰 **2**: 89-101.
プリマック，R. B.・小堀洋美（1998）保全生物学のすすめ―生物多様性保全のためのニューサイエンス―．文一総合出版，399pp.
高橋正弘・本田裕子（2015）野生復帰事業と環境教育に対する地域住民の意識と期待について．環境情報科学研究論文集 **29**: 257-262.

第9章

モニタリング

9.1　はじめに

　モニタリングとは、状態を継続的に監視し、予測しがたい変化に対応することと、その知見を集積することである（日置，2002）。絶滅危惧種の保全では、飼育下においては気象条件や捕食者などによる影響を制御できるが、野外においては様々な予測しがたい事態が発生する可能性もあり、その成果には不確実性が伴う。そのため、絶滅危惧種の保全・再生においては、対象種の生態や立地特性を考慮したモニタリングを行い、事業の検証と改善を繰り返していくことが不可欠である。本章では、モニタリングを計画するにあたっての要点を説明する。

9.2　順応的管理とは

　絶滅危惧種の保全の事業は、モニタリングと管理をセットにした順応的管理（adaptive management）に基づいて行う（図9-1）。一般に、絶滅危惧種の生理生態的な知見はほとんど明らかになっていない場合が多く、成功が保証された保全対策は必ずしも存在しない。そのため、PDCAサイクル（Plan-Do-Check-Act cycle）に基づいて、順応的管理によりデータを蓄積しながら、柔軟に対応していく姿勢が重要である。PDCAサイクルでは、はじめに予測に基づいた計画を立案（Plan）、それに基づく事業の実施（Do）、事業に対して

第9章 モニタリング

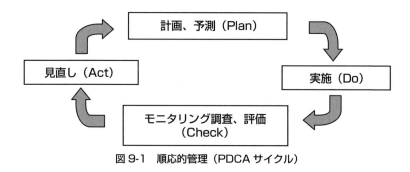

図 9-1 順応的管理（PDCA サイクル）

のモニタリング調査および評価（Check）を行う。評価の結果、当初予測していなかった問題が確認された場合には、事業の改善を行いながら、事業を進めていく（Act）という流れを繰り返していく。

9.3 計画・事業の実施

絶滅危惧種の保全の事業の目的をもとに、順応的管理における目標が設定される。ここでの目標は、個体数、密度、個体のサイズなどの具体的な数値目標として示すことが重要である。目標設定に際しては、自然再生事業のモニタリングのデザインとして提唱されている Before After Reference Control Impact（BARCI）デザイン（中村，2003）が参考となる（図 9-2）。このデザインに基づくと、絶滅危惧種の保全の事業は Impact、対象地の過去の状態は Before、事業の完了後は After、保全を行わなかった箇所は Control となる。BARCI デザインでは、事業前と事業後という時間軸、また非実施サイトと実施サイトという空間軸で評価するが、事業の成果を様々な視点で比較を行えるようなモニタリングのデザインとしておくことが重要である。参照サイトを設けることは、目標に対して事業がどの程度到達したかを測るための目安として重要である。

目標が定まった後は、最終的な目標に達するまでのスケジュールを決める。目標に達するまでに要する期間、また、どのタイミングでモニタリングや見直しを行っていくかについて、モニタリングを実施する関係者の間で決めておく。事業を開始する前に、あらかじめモニタリングと見直しを含めたスケ

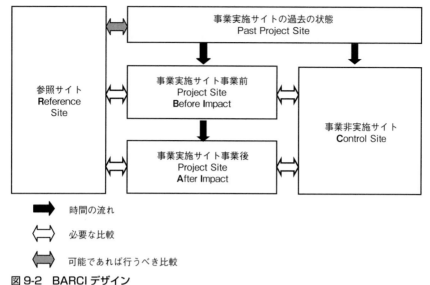

図 9-2　BARCI デザイン
日置（2005）を改変

ジュールや必要な費用、体制などを決めておくことが大切である。モニタリングはしばしば長期間にわたって継続して行うことが必要となってくるため、モニタリングを行う資金や人材などの仕組みや体制が極めて重要になるからである。

　目標の設定に際しては、科学的根拠に基づいた予測を行う。予測に際しては、先行して得られている既往の成果を最大限に反映させた計画を立てることが必要である。そのために必要な情報として、事前に先行研究や類似の事業について入念に調査を行い、それらの事例で得られている知見を計画に盛り込むようにする。

　予測の考え方、予測のもととした知見については、明確にしておくことが重要である。保全の事業に際しては、一般的には将来に対する複数のシナリオを想定して、事業の方向性が検討されることが多く、それぞれのシナリオが持つ効果、問題点、コストなどの複数の視点から事業の方向性を整理して、合意形成を図っていく。予測のもととした考え方や方法が明確になっていれば、予測とは異なる結果になった場合においても、後々に何が問題であったかを検証す

ることに役立つ。予測結果は不確実性を伴うものであるが、PVA（個体群動態解析）などの数理生態学的な手法を導入することで将来の状態を定量的に予測し、複数のシナリオをシミュレーションすることが可能である。ただし、絶滅危惧種は、生育・生息している個体群が一度失われると、再形成が極めて困難な状態にあることが多いため、事業を行うことによって絶滅危惧種の生息に対して不可逆的な悪化を招くおそれのある選択肢は避けるべきである。

9.4 モニタリング調査

　目標に対する達成の程度を科学的に判断していくためには、モニタリング調査によってデータを蓄積する必要がある。モニタリング調査では、対象とする種の個体数、分布、大きさ、生活史ステージなどの個体にかかわる情報を集める。一般的に、生活史において、産卵・幼生、あるいは種子生産・実生定着といった初期の段階を乗り切ることができるかどうかが重要である。また、保全対象とした絶滅危惧種の個体群のその後の定着を把握するためには、群落や群れの単位でデータを蓄積する。経年的に個体が再生産を行っているか、保全の対象とする個体群が周辺個体群と交流しているか、といった繁殖状況にかかわる情報を把握しておくことも大切である。さらに、地形、植生、水質などの生息環境に関する情報についても、継続的にデータを収集しておく。これは生息環境のデータを取得しておくことで、個体数の急な減少などの予期しない変化が起きた場合に、その原因を検討するうえで役立つからである。

　モニタリング調査の期間や回数は、対象とする種ごとに必要なタイミングが異なる。一般的には、事業に伴うモニタリングの場合、1、2、3、5、10、15、20年目という節目となるタイミングでモニタリング調査の間隔が設定されることが多い。これは、環境の変化が大きい施工直後は頻繁にモニタリングを行い、徐々に変化が落ち着いてきたところで間隔をあけるという考え方に基づく。

　モニタリングの期間は、対象種によって、数年単位から、場合によっては数十年の長期の時間スケールでのモニタリングを要する場合もある。例えば、行動圏が広く、寿命が長い大型の哺乳類や鳥類などを対象とする場合では、数十年単位の時間スケールで、調査地域もその個体が行動圏としている流域などの

広範囲の空間スケールを網羅する必要がある。一方で、行動圏が小さく、寿命が短い小動物や植物を対象にする場合には、期間は数年程度の時間スケール、また、その種が利用しているごく限られた空間的な範囲を確認すれば済むこともある。どのようなタイミングで、いつまで、またどのような空間的な範囲をモニタリングすればよいかは、対象種の生態特性や環境に応じて判断していくことが必要となる。

　モニタリング調査のデータは、従来は人が目視によって確認する方法がとられてきたが、このような調査には多大な労力を要する。そのため、近年開発されてきた機材などを用いた新技術の活用が有効である（**表9-1**）。

　個体の位置を把握する技術では、個体に電波発信機やGPSなどのバイオロギング装置を装着したり、レーダーで遠隔から個体の飛翔軌跡を把握することによって、個体の移動や特定の場所の利用状況などを追跡することが可能である。繁殖状況等を把握する技術では、ビデオカメラやインターバルカメラを用いることで、巣内の繁殖の様子、植物の開花状況などを無人で長期間にわたっ

表9-1　モニタリング調査への新技術の活用場面の例

活用場面	技術	概要
個体の位置を把握する	テレメトリー GPS	個体に発信機を装着し、遠隔から個体の位置を把握する。
	レーダー	船舶レーダーを用いて、鳥類などの飛翔する個体の位置や高さを把握する。
繁殖状況等を把握する	ビデオカメラ インターバルカメラ	カメラで巣内の繁殖の様子、開花状況などを一定間隔、または連続して把握する。
生息分布を把握する	UAV	UAVで上空から撮影を行い、大型の個体や開花植物などの分布を把握する。地形や植生などの生息環境の把握にも有効である。
	音声解析	録音装置を設置して鳴き声を録音し、個体の生息の有無や繁殖状況などを把握する。
	環境DNA	環境中に放出されたDNAを採取し、生息分布や生息密度を把握する。
個体の移動状況を把握する	マイクロチップ	マイクロチップを埋め込んで個体識別を行い、個体の移動を把握する。
	遺伝子解析	血液、糞や体毛などから得た遺伝的情報に基づいて、周辺個体群との交流状況を把握する。

国土交通省国土技術政策総合研究所（2016）を参考に作成

て把握することができる。生息分布を把握する技術では、小型無人航空機（UAV）を用いることで、個体の分布や生息・生育環境について従来の人工衛星や飛行機からの撮影では難しかった空間・時間解像度が高い情報を得ることができる。また、野外で録音した鳴き声の音声解析、環境中に放出された環境DNAによる分析は、直接個体を捕獲したり目視確認する必要がないことから、調査の省力化や精度の向上に大きく寄与する技術である。個体の移動状況を把握する技術では、個体にマイクロチップを装着したり、遺伝子解析によって集団の遺伝構成を把握することで、個体の移動や周辺個体群との交流状況を推定することが可能である。

　このような新技術は、コウノトリなどの野生復帰の事業、建設事業におけるモニタリング等において、盛んに利用されるようになった。また、UAVは廉価な機種も販売されるようになって、植生図作成等の様々な場面でも活用されるようになった。新技術の活用は、モニタリング調査を効率的かつ効果的に行うことに寄与するため、モニタリングの目的や予算に応じて導入を検討するとよい。

9.5　モニタリング結果の評価と見直し

　モニタリングの結果に基づいて、管理の方向性を見直すために、事業の評価を行う。評価の結果によっては、事業の方向性を修正したり、場合によっては中止を判断することもある。当初予想した通りの方向へと進んでいない場合には、原因となっている植物や土砂などの障害を除去するための管理を行う。特に外来種の侵入は絶滅危惧種の生息に脅威となることがあるため、外来種対策には注意を要する。外来種の侵入に対しては予防が原則であり、侵入の初期における対策が外来種の個体数の制御には効果的である。

　生息環境の規模や質によって、攪乱に対する脆弱性、管理の必要性が異なる。一般的には、小規模な水域や人工的な水域では土砂流入によって埋まったり、水が干上がってしまう状態が発生しやすく、季節的変化などに応じて細かな管理を行っていくことが重要である。一方、面積が広い河川や湿原などでは洪水の攪乱によって個体数は増減を繰り返すことがあっても、長期的な視点で

は生息環境がある一定の範囲で維持されていることが多いので、見極めが必要である。また、二次林や半自然草地、農地などは最終的な目標に達した後も絶滅危惧種の生息環境を持続させるために、定期的な伐採や刈り取りなどの管理を継続していくことが不可欠である。

9.6　モニタリングの体制

　モニタリングは、学識者、研究者などの専門家、事業者、市民などの様々なステークホルダーが議論を行いながら、進めていくことが大切である。その際には可能な限り情報公開をして、第三者からみた客観的な議論を促す姿勢が必要である。

　近年では、市民科学（citizen science）として市民が参加するモニタリング調査も盛んになっている。モニタリングしたデータを蓄積していくためには専門家だけが調査を行っていても様々な限界があるので、市民などの協力のもとで進めていくことが効果的である。また、インターネットを通して生息に関する情報を収集していくことで、より広域的、長期的に調査を継続していくことが可能になる。ただし、絶滅危惧種の情報については、開示することで盗掘や乱獲などにつながるおそれもあるため、情報の公開は慎重に取り扱う必要がある。

〔徳江義宏〕

[引用文献]

日置佳之（2002）モニタリングと順応的管理.「生態工学」（亀山　章 編），朝倉書店，pp.128-131.

日置佳之（2005）自然再生の方法論.「自然再生：生態工学的アプローチ」（亀山　章・倉本　宣・日置佳之 編），ソフトサイエンス社，pp.7-26.

国土交通省国土技術政策総合研究所（2016）新技術等を用いた猛禽類の調査手法に関する技術資料

中村太士（2003）河川・湿地における自然復元の考え方と調査・計画論―釧路湿原および標津川における湿地、氾濫原、蛇行流路の復元を事例として. 応用生態工学 5(2): 217-232.

第三部

絶滅危惧種の保全事例

第10章 ツシマヤマネコの交通事故対策

10.1 はじめに

　ツシマヤマネコ（図 10-1）は、イリオモテヤマネコとともに国内に生息するネコ科の野生中型哺乳類である。ツシマヤマネコは対馬、イリオモテヤマネコは西表島と、いずれも島に生息し、絶滅危惧ⅠA類で絶滅の危険性が最も高い種である。ツシマヤマネコは島の生態系の頂点に位置する動物であり、対馬の生物多様性を象徴する動物と言える。本種が存続するためには、多くの餌

図 10-1　カモをくわえるツシマヤマネコ
対馬市提供

動物等が存続する必要があることから、その保護は対馬の生態系全体の保全につながるものである。本種は、「絶滅のおそれのある野生動植物の種の保存に関する法律（以下、種の保存法）」に基づき国内希少野生動植物種に指定されているほか、文化財保護法により国の天然記念物に指定されている。

ツシマヤマネコは大陸系の種であり、朝鮮半島との地史的なつながりを示す学術的価値、住民と野生動物との共存の歴史を物語る文化的価値など、様々な価値が認められる。地域に固有の野生生物の保護を通じ、住民が地域の固有性を再認識し、地域への誇りや愛着が芽生えるとともに、地域の自然資源・観光資源として活用するなど個性的で魅力ある地域づくりの取り組みも期待でき、その点からも保護の必要性が高い。

このような状況を受けて、種の保存法に基づき1995年に「ツシマヤマネコ保護増殖事業計画」が策定され、保護に関する基本方針が示された。そして、自然状態で安定的に生息できることを目指し、国、長崎県、対馬市、市民団体などによって保護のための取り組みが行われている。また、各事業の進展に伴い、本種の保護に関する進捗状況と課題の整理が行われ、保護増殖の全体像と今後の具体的な目標・方針が取りまとめられた。さらに、保護増殖の取り組みを行う関係者間で協力し、効果的に取り組みを推進することを目的として「ツシマヤマネコ保護増殖事業実施方針」（ツシマヤマネコ保護増殖連絡協議会, 2010; 2015）を策定し、取り組みを進めている。

ツシマヤマネコは森林を中心に草地や農地など里地の多様な環境を広域に移動し、対馬全体が生息域となっていることから、餌動物が増える環境の維持・改善に加え、交通事故、イエネコからの感染症、とらばさみやイヌによる殺傷などの個体の直接的な減少要因に対する様々な対策が必要である。

本章では、保護対策のなかで最も重要な対策の一つである交通事故対策について、これまでの調査研究や実施対策を基にまとめられた『ツシマヤマネコに配慮した道路工事ハンドブック』（対馬野生動物交通事故対策連絡会議, 2013）より、調査計画・設計・施工・維持管理の各段階での配慮事項を概観し、本種の交通事故対策におけるポイントや今後の課題について述べる。

10.2 ツシマヤマネコの概要

10.2.1 ツシマヤマネコの生態

ツシマヤマネコ（*Prionailurus bengalensis euptilurus*）は、東アジアから東南アジア、インドに広く分布するベンガルヤマネコ（*P. bengalensis*）の亜種とされ、日本では長崎県対馬にのみ分布する。形態としては、胴長短足で太くて長い尾、全体に不明瞭な斑点、額の白く太い線、丸みを帯びた耳と背面の白斑などが特徴であり、頭胴長はオスは平均 57 cm、メスは 52 cm である。

単独性で、同性間で排他的な行動圏を持つ。メスは1年を通じてほぼ変わらない行動圏（100～200 ha）を持つが、オスの行動圏は交尾期である冬季に拡大する（100～1,600 ha）。仔は春に1～3頭が産まれ、秋頃に親離れをして、メスは母親の近くに、オスは離れた地域に定着すると考えられている。落葉広葉樹林や草地をよく利用し、急傾斜地を避ける傾向があるが、様々な環境が複雑に入り組んだ林縁部や小さな谷（沢）などを好むと考えられる。対馬は約9割が森林に覆われており、その約3分の2が広葉樹二次林、3分の1がスギやヒノキの人工林で、自然林はごくわずかである。市街地部を除いた里地を主な生息地としていることが本種の特徴である。

主な餌はネズミなどの小型哺乳類であるが、鳥やカエル類、昆虫など様々な動物を捕食しており、生息環境や季節による餌資源（動物）の捕食効率に応じて、食性を変化させていると考えられている。日中にも活動するが、夜間に活動が活発になり、最も活発なのは日の出や日没前後である。

10.2.2 生息状況と減少要因

対馬はかつては一つの大きな島であったが、中央の地峡になっていた部分が近世と近代に開削され、北側の上島（かみじま）と南側の下島（しもじま）に分離された。ツシマヤマネコは 1960 年代までは全島に広く分布していたとされるが、1980 年代の調査で下島での生息地が減少・分断されつつあることが確認された。その後、下島での生息情報が得られない時期もあったが、2007 年に下島で 23 年ぶりに個体が確認され、2010 年代では下島の主に北部でその生息が確認されている。いずれにしても、下島の個体数は極めて少数と考えられる。

対馬全体での個体数の推計は、1960年代が250〜300頭、1980年代が100〜140頭、1990年代が90〜130頭と減少傾向にあった。2000年代以降のデータを2種類の方法で推計した結果、2000年代前半は80頭または100頭、2010年代前半が70頭または100頭と、近年では横ばいか、やや減少と推定され、現在のところ増加傾向はみられていない。生息数や生息地が減少している主な要因としては、①好適生息環境の減少、②交通事故（ロードキル）、③イエネコによる影響、④イヌによる殺傷、⑤その他とらばさみによる死傷などが挙げられている。

特に、交通事故は個体数の少ないツシマヤマネコを絶滅に至らしめる大きな要因の一つと考えられ、課題となっていた。2007年に開催されたツシマヤマネコ国際保全ワークショップでの報告では、交通事故により毎年5頭が死亡すると仮定すると、100年後の絶滅確率は50％と予測された。そして、交通事故を1頭減らせば絶滅確率は半分に、3頭減らせば10分の1にできることが報告された。ツシマヤマネコの保護対策として、生息域内保全、生息域外保全、飼育下繁殖個体による野生復帰など多岐にわたる総合的な対策が実施されているが、交通事故対策は生息域内保全における主要な対策の一つとなっている。

10.3　交通事故の現状と対策

ツシマヤマネコの交通事故件数は、1992年度以降集計され（**図 10-2**）、25年間で年間では5件以下がほとんどであるが、多い時には10件を超える年もあり、全体として増加傾向にある（**図 10-2a**）。交通事故にあうのはオスがやや多い傾向があり、月別では10〜12月に亜成獣の事故が特に多く（**図 10-2b**）、これは親から独立して分散する時期であるからと考えられる。事故発生場所は、上島では全域で生じており、地域的な偏りは認められない。

ツシマヤマネコは交通事故にあうと約9割が死亡しており、繁殖に寄与する個体の場合は個体群維持への影響が大きい。南北が約80 kmと広い対馬では生活における移動手段は重要で、1950年前後までは海上交通に依存していたものの、徐々に道路網が整備されるに伴い、自動車利用に移行している。また近年でも、到達時間を短縮する道路整備が各所で進められている。このため、

10.3 交通事故の現状と対策

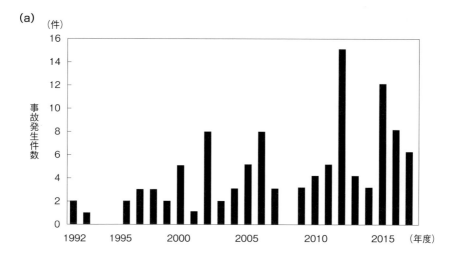

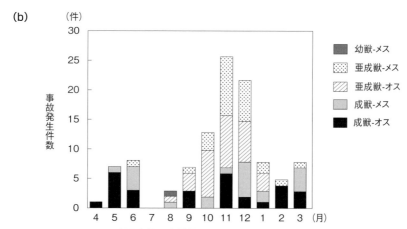

図 10-2　ツシマヤマネコの交通事故発生件数
(a) 1992 年度以降の交通事故件数の推移
(b) 月別の交通事故件数と詳細
環境省提供

島全体で車のスピードが年々速くなり、本種が交通事故にあう危険性は増大している。

交通事故の現場検証から、事故が起こる場所には以下の傾向が認められた。
①森林沿いの道路の対岸が切り立った河川護岸となっている場所

②森林から道路を挟んで餌場となる田んぼや川などへ容易に降りることができる場所
③川あるいは沢の合流点付近に道路が近接する、あるいは交差して通過する場所
④車に轢かれた他の生物の死骸など、餌としての誘引物が道路上や道路付近にある場所

上記の状況に対しての主な対策は、**表 10-1** に示すとおりである。

表 10-1　ツシマヤマネコの主な交通事故対策

a．道路構造への対策	ア．ツシマヤマネコの道路利用様式および習性の把握	・交通事故の現場検証と死亡個体の病理解剖による交通事故原因情報の集積 ・ツシマヤマネコ交通事故ハザードマップ作成 ・飼育下個体による運動能力や習性の把握
	イ．道路整備の際の配慮	・野生生物に配慮した道路工事ハンドブック作成 ・野生動物と車の動線を立体的に分ける計画・設計・整備 ・視認性確保のための路肩の抑草舗装（路肩コンクリート、防草工等） ・振音舗装（ゼブラゾーン、薄層カラー舗装など） ・既存の道路構造物の構造改良
	ウ．道路管理の際の配慮	・カルバートの清掃 ・視認性が著しく低い道路区間の草刈り
	エ．対策効果確認のためのモニタリング調査	・自動撮影カメラによる確認
b．ドライバーへの対策	ア．ツシマヤマネコの交通事故防止のための普及啓発	・普及啓発物の作成、配布 　注意喚起のチラシ・ステッカー・キーホルダーの作成・配布 　ハザードマップ、エコドライバーズマニュアルの作成・配布 ・交通事故防止キャンペーン等のイベント開催 　警察等と連携したドライバーへの注意喚起
	イ．交通事故防止警戒標識等の設置、点滅灯の取り付け、清掃等管理	

10.4　道路整備時の配慮事項

10.4.1　『ツシマヤマネコに配慮した道路工事ハンドブック』の発行

　本種の交通事故に対処するために、1999年度に長崎県が主催する対馬野生動物交通事故対策連絡協議会が設置され、島内での交通事故発生場所の調査を通じてツシマヤマネコ保護に向けて関係者間の情報共有が図られてきた。そして、道路の設計・施工・管理等を実施する際の配慮事項をとりまとめた『ツシマヤマネコに配慮した道路工事ハンドブック』（対馬野生動物交通事故対策連絡会議，2013）を発行している。以下に配慮事項の要点を示す。

10.4.2　各整備段階における配慮事項
(1)　調査計画段階

　事前調査として、新設や改良の道路区間においては、過去の交通事故の知見などから本種の移動経路を予測し、道路が移動経路や餌場を分断しないかを把握する。資料調査では、環境省の対馬野生生物保護センター（以下、TWCC）が集積したデータから、道路の新設や改良の事業区域周辺の分布状況や生息密度、交通事故の履歴を把握する。また、予定ルートの両側500 mの範囲を目安に、地形図や空中写真から餌場や移動経路となりそうな河川や道路などを把握する。さらに、以下の条件に一つでも該当する場合には現地調査を行う。現地調査は、必要に応じて市、県の自然保護部局およびTWCCが協力して行う。

　ⅰ．ツシマヤマネコの生息密度分布図で「高い」か「やや高い」の区域に属している
　ⅱ．以前に付近でツシマヤマネコの交通事故が発生している
　ⅲ．湿地などの重要な餌場が周辺に存在する

　現地調査では、糞などの痕跡調査や自動撮影調査により、生息情報、餌動物やそれらが多く生息する森林・草地・湿地などの位置や広がりを確認する。以上の資料調査および現地調査の結果を図化し（**図10-3**）、事業区域近辺における本種の移動経路などを推定するとともに（**図10-4**）、ドライバーの視認性などについても確認する。この事前調査は、道路計画の構想段階など、できるだけ初期段階に行うことが重要である。

第**10**章　ツシマヤマネコの交通事故対策

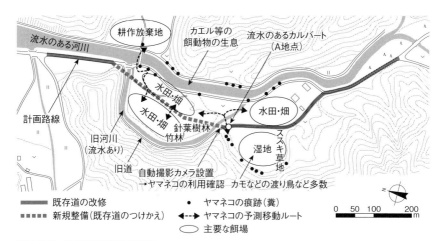

図10-3　事前調査結果の整理
事前調査において、ツシマヤマネコの痕跡（糞）が、既存道の改修と新規整備の区間の両側で確認された。これら痕跡（糞）の場所や、主な餌場と考えられる場所などから、ツシマヤマネコが道路を横断し移動するルートを予測した

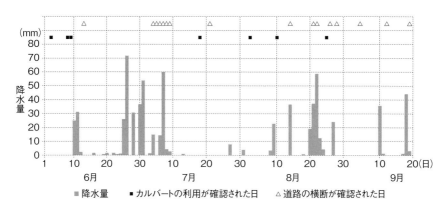

図10-4　図10-3のA地点の降水量とツシマヤマネコの道路横断の関係
この地点では、自動撮影調査により道路上の横断と道路下のカルバート利用による横断がそれぞれ確認されている。雨の多い日は道路上を、少ない日はカルバートを主に利用して道路を横断している傾向がある。
出典：対馬市（2012）

　次の計画段階では、計画路線を検討するうえで、事前調査で把握した移動経路や山林と餌場を分断しないルートを選定することが重要である。それができない場合は、主要な移動経路などに道路の下をくぐり抜け可能な地下通路である

10.4 道路整備時の配慮事項

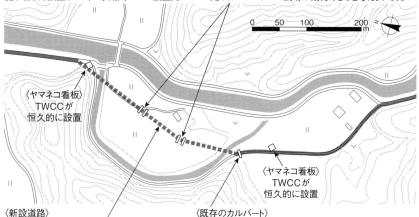

〈工事期間中〉
◆ツシマヤマネコの行動時間を考慮して、日が落ち始める17時頃（10月現在）には作業を終了させる。

◆工事中のロードキル防止のため、道路工事業者が独自にツシマヤマネコの飛び出しへの注意を促す看板を設置する（工事期間のみの設置）。

〈新設道路〉
◆新規の道路に設置される取り付け道付近（田んぼに出入りするための道）に道路横断用のカルバートを作る。

◆カルバートの入口に集水枠を取り付ける（カエル類が集まりやすくなり、それによりツシマヤマネコの餌場利用やカルバートへの誘導が期待できると考えられる）。

〈ヤマネコ看板〉
TWCCが恒久的に設置

〈新設道路〉
◆新設道路の両脇に高さ50cm程度の直壁か侵入防止柵を作り、ツシマヤマネコと、その餌資源であるカエル類を道路に入れにくくさせることで、ロードキルを減少させる。

◆工事終了後も、ツシマヤマネコの飛び出しへの注意を促す看板を恒久的に設置する。

〈既存のカルバート〉
◆雨の日でも通路の底に水が溜まらないようにする。
◆カルバートの内側にネコ走りを設置する。

━━━ 既存道の改修
••••• 新規整備（既存道のつけかえ）

図 10-5　予測したツシマヤマネコの道路横断ルートに対して検討した保全対策

アンダーパスの設置や、カルバートなどの既存の排水構造物の活用などにより、本種が道路上をできるだけ横断しない道路構造とする必要がある（**図 10-5**）。

(2) 設計段階

1) 道路の立体構造化

　TWCCのこれまでの調査では、ツシマヤマネコをはじめ複数種の動物が、排水構造物として設置されているボックスカルバート（箱型構造物）やパイプカルバート（管状構造物）を頻繁に利用していることがわかっている。このため、これらの構造物を主要な移動経路として、排水機能と合わせて設置することが有効である。さらに、過去の調査で、既存のカルバートに幅の狭い動物用

第10章 ツシマヤマネコの交通事故対策

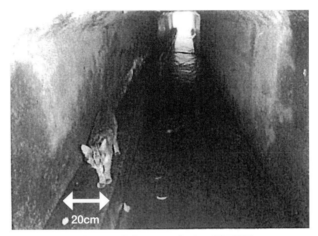

図 10-6　ネコ走りを設置後のカルバートの利用状況
環境省提供

　横断通路、通称「ネコ走り」を設置したことで本種の利用頻度が増加した事例があり（**図 10-6**）、その効果が認められている。その幅は 20 cm 以上であれば利用可能と考えられている。ネコ走りはU字溝を逆さまに置いた仮設のものでも効果は得られるが、管理上常設のものが望ましい。
　これまでの実績から、維持管理などを考慮してカルバートは 60 cm 以上の径とし、ネコ走りを設置する場合は、その断面積を差し引いて流量計算を行う。また、谷部などでは道路を橋梁化するなど、道路を立体構造化することで、本種の移動経路との交差を解消することができる。

2）動物の道路侵入防止対策
　カエル類やカニ類などは降雨時に道路上を横断しているところを車に轢かれ、それをツシマヤマネコが食することが確認されており、これも交通事故の原因の一つと考えられている。これを避けるためには、例えばU字側溝などにより、これらの小動物が道路に上がれないような道路構造にする必要がある。
　また、夜間照明は夜行性昆虫類を誘引し、それらを捕食する夜行性鳥類、コウモリ類、カエル類、ヘビ類なども道路に誘引され、轢かれることにもなる。このため、夜間照明が間接的に本種の交通事故の一因となる可能性があるので、夜間照明の設置は必要最小限にとどめること、および夜行性昆虫類が誘引

10.4 道路整備時の配慮事項

図 10-7　ドライバーにツシマヤマネコへの注意喚起を促すための道路標識・道路標示

されにくい照明器材や設置構造の工夫が求められる。

3）ドライバーへの対策

　路上に上がっているか上がろうとしているツシマヤマネコを、いち早くドライバーが視認できるようにすることが、交通事故の減少につながる。道路脇の草むらはその発見を遅らせてしまうため、草が繁茂しないように舗装物で被うことや、草刈りを徹底することが必要である。

　また、交通事故の大きな要因として、スピードの出し過ぎが挙げられるので、本種の生息密度が高い地域では道路標識や道路標示などを設置し（**図10-7**）、ドライバーに注意喚起を促すことが重要である。

(3) 施工段階

　工事期間の設定においては、影響ができるだけ少ない時期に工事を行うのが望ましい。春から夏にかけては、出産、子育ての時期であり、メスは特に敏感になると考えられ、出現頻度が高い地域などでは大きな音や振動が出る大規模な工事は避けることが望ましい。造成工事中やトンネル工事などにより発生する汚濁水、土取場、土捨場などは周辺環境に与える影響が大きいため、ツシマヤマネコの行動を想定した施工方法や配置場所の十分な検討が必要である。また、事前に施工時の配慮事項等について専門家に説明を受けることが望ましく、例えば TWCC では施工者に対して注意点などの説明を行っている。

　工事期間中は、現場周辺に生息する野生動物への影響が生じる。このため、

現場への往来や資材運搬においてもツシマヤマネコに注意すること、工事箇所へツシマヤマネコが侵入した場合は直ちにTWCCへ通報すること、掘削した穴などは夜間にはシートで覆うこと、工事期間中の代替的な移動経路は工事前の早い時期に設置すること、昼食などで出たゴミや残飯は必ず持ち帰る、といった配慮が求められる。

(4) 維持管理段階
1) 交通事故防止対策物の効果検証と維持管理

道路の供用後は定期的なモニタリングを行い、交通事故対策が当初の目的どおりに機能していない場合は、計画の見直しや維持管理などで改良を図る必要がある。例えば「ネコ走り」では、自動撮影調査や痕跡調査で確認を行うとともに、障害物の有無の目視確認を適宜行う。カエルなどの餌資源の道路への侵入防止対策は、それらの道路への出現状況や侵入防止のための側溝が埋まっていないかなどを目視確認する。

2) 関係者による連携と協働体制の構築、および普及啓発活動の実施

維持管理段階で最も重要なのは、各機関との連携を強化し、力を合わせて交通事故防止対策を行っていくことである。対馬では長崎県、対馬市、環境省、ボランティア、NPO団体など様々なセクターが役割を調整し、作業を分担している。効果検証は、TWCCの協力や助言のもとで主に長崎県、対馬市の土木関係部署および自然環境関係部署が実施している。維持管理は、長崎県、対馬市の土木関係部署が主として管理計画などを作成し、ボランティア・NPO団体と協働で実施している。普及啓発は、他の協力を得ながら主にTWCCが担当している。

このような体制を組むことで、ツシマヤマネコの交通事故の現状や対策をドライバーのみならず、多くの一般市民に知ってもらい、その交通事故を減らしていくことが重要である。

10.5　交通事故対策の課題

島内の道路整備は、過疎化の進行や産業の停滞に対して地域経済を立て直す

ために重要な施策として位置づけられていることから、ツシマヤマネコの交通事故対策は今後も対馬の地域社会と密接に関係する重要課題である。自動車を利用する地域住民はルールに沿ったドライビングを、道路整備を担当する行政機関は適切な整備に際しての環境影響評価と管理を、自動車の生産販売や整備にかかわる民間企業は調査研究などに対する様々な支援をするなど、様々なステークホルダーが協力して対策に当たることが必要である。

交通事故の検証などで事故を起こしやすい場所や移動の予測などは行われているが、ツシマヤマネコが道路で具体的にどのような行動をとっているかは不明な点が多く、それらを把握するための基礎調査が不可欠となる。例えば、ツシマヤマネコが道路を横断する状況や交通事故にあう現場などを動画で撮影し、道路付近での行動特性を詳細に把握することは、対策の立案に大きな助けとなる。こうした科学的な調査研究データを蓄積していくことが重要である。また、それらの調査研究データをもとに、優先度の高い場所から対策を行っていくことが求められる。

これらの対策の実施は、住民の理解なくしてはできないことから、市民に対する普及啓発は欠かせない。それぞれの対策は相互に関連しており、全体として総合的な対策を進めるために生息地の自治体やインフラ担当部局の役割が非常に重要であり、道路部局や自治体など様々なセクターのさらなる連携や役割分担が何より不可欠と言える。

〔趙　賢一〕

[引用文献]

対馬市（2012）平成23年度生物多様性保全計画策定事業（ツシマヤマネコ生息環境改善）委託業務報告書.

ツシマヤマネコ保護増殖連絡協議会（2010）ツシマヤマネコ保護増殖実施方針本編.

ツシマヤマネコ保護増殖連絡協議会（2015）ツシマヤマネコ保護増殖実施方針（平成27年度改訂版）.

対馬野生動物交通事故対策連絡会議（環境省、長崎県、対馬市）（2013）ツシマヤマネコに配慮した道路工事ハンドブック.

第11章 タンチョウとその保護活動

11.1 はじめに

　その美しい姿から「瑞鳥(ずいちょう)」として親しまれてきたタンチョウは、日本では一時は絶滅したと考えられていたが、多くの関係者の努力によって個体数が回復してきた。しかし、それに伴い新たな問題も生じて、タンチョウ保護は転換期を迎えている。本章では、タンチョウについて概説し、日本野鳥の会と地域によるタンチョウの保護活動について紹介する。

11.2 タンチョウとは

11.2.1 日本最大の野鳥

　タンチョウは、日本産の野鳥のなかでは最大で、翼を広げると2.2〜2.4 m、全長は1.5 mある。タンチョウという名は、赤い（丹）頭（頂）から来ている。ツルの仲間は世界に4属15種が生息しており、わが国では、タンチョウ（環境省レッドリスト：絶滅危惧Ⅱ類。以下VU）、クロヅル（同：情報不足DD）、ナベヅル（VU）、ソデグロヅル、マナヅル（VU）、カナダヅル、アネハヅルの7種が記録されている（正富，2000）。国外のタンチョウの主な繁殖地は、ユーラシア大陸のロシアと中国の国境を流れるアムール川（黒竜江）流域で、冬には数千km移動して朝鮮半島の国境地帯や中国南東部の沿岸地帯で越冬する（Meine, C. D. and Archibald, G.W., eds., 1996）。日本では、北海道東部

131

を中心に道内で1年を通して過ごす。

11.2.2 タンチョウの生活史

毎年、3月下旬頃、タンチョウのつがいは干潟や湿原などの湿地でなわばりを構え、ヨシ等の枯れ茎を集めて、地上に直径1.2 m、高さ30 cmほどの巣を造る。4月頃に2個の卵を産み、約1カ月抱卵する。ひなは生後数日で巣から離れて親と共に行動し、100日ほどで飛べるようになる。雑食性で、魚やカエル、昆虫、ミミズなどから水草の芽や地下茎まで食べる（小林ほか，2002）。繁殖期は家族単位で過ごすが、秋から冬には越冬地の人里へ短い移動をし、集団で冬を過ごす。

大きな越冬地の一つである北海道釧路市の北西部に位置する鶴居村では、10月頃から徐々にタンチョウが移動してくる。はじめは牛の飼料用デントコーン畑の刈り跡でこぼれた餌をついばむが、畑の餌がなくなり雪が降り始める11月後半から、給餌場へ集まるようになる。夜は安全と防寒のために、厳冬期でも凍らない川をねぐらとして集団で眠る。2月に入ると「鶴の舞い」と呼ばれる求愛ダンスが見られるようになり、それまでずっといっしょにいた子どもを追い払う「子別れ」で独立させ、3月半ばには、つがいは再び繁殖地の湿地へと戻っていく。

11.3 タンチョウの保護

11.3.1 タンチョウ保護の歴史

江戸時代までタンチョウは北海道の広い範囲に分布し、冬は本州まで渡りをしていたと言われている。明治時代以降、乱獲と湿原の開発により激減し、一時は絶滅したと考えられていたが、1924年に釧路湿原で十数羽が再発見され、その後、天然記念物に指定され、給餌などが試みられた。しかし、当時のタンチョウは警戒心が強く、保護は進展しなかった。

1950年の冬、刈り取り後のトウモロコシを保存するために束ねて立てた「にお」に近づいたタンチョウに、地元の人たちがトウモロコシを与えたことがきっかけで給餌に成功した。やがて、小学校の校庭に「にお」が立てられて、給餌が広がった（**図11-1**）。現在は、文化財保護法による特別天然記念

11.3 タンチョウの保護

図11-1 「にお」とタンチョウ
「にお」は、刈り取り後のトウモロコシの実を乾燥させるために、束ねて立てたもの

物に指定されているほか、国の保護増殖事業の対象種にもなり、国や自治体が個人や団体に委託する形で給餌が行われている。

こうして冬の餌不足が解消され、地元の人たちの愛情に支えられたタンチョウは、その数を回復してきた。

11.3.2 タンチョウ保護増殖事業

「種の保存法（絶滅のおそれのある野生動植物の種の保存に関する法律）」に基づき、環境省（当時、環境庁）は1993年にタンチョウを国内希少野生動植物種に指定し、保護増殖事業計画を策定している（環境庁・農林水産省・建設省，1993）。その目標は「本種が自然状態で安定的に存続できるような状態になること」であり、事業の内容として給餌事業、生息環境の整備、生息地分散、飼育下繁殖などが挙げられている。さらに、近年の生息個体数の増加に伴って生じた農業被害の発生と拡大、電線・車両などとの接触事故の増加、感染症拡大の懸念などの課題の改善に向け、2013年に「タンチョウ生息地分散行動計画」を策定した（環境省北海道地方環境事務所・釧路自然環境事務所，2013）。この「タンチョウ生息地分散行動計画」は、自然分散の促進と冬も自

133

然状態で採餌する個体群の創出を目指し、①給餌量調整による越冬地分散、②新規越冬地の可能性検証、③農業被害対策の強化、を行うとしている。

2015年には、越冬地の分散を目指し、国による給餌量の削減が始まった。具体的には、国委託の3大給餌場（鶴居・伊藤タンチョウサンクチュアリ、鶴見台、阿寒）で給餌量を年1割ずつ段階的に削減してゆき、2019年度には2014年度比で半減させ、将来は国による給餌は終了する、との方針を表明している。

11.4　日本野鳥の会のタンチョウ保護活動

給餌の成功により絶滅を逃れたものの、高度経済成長期から続く農地開発、リゾート開発などにより、1980年代になっても繁殖地の湿原は次々と埋め立てられ、このままではせっかく増え始めたタンチョウが再び絶滅の危機に瀕するのは明らかであった。日本野鳥の会は、1987年に全国からの支援と、地元で長年給餌などの保護活動をしていた伊藤良孝氏の協力を得て、タンチョウの越冬地として有名な北海道東部の阿寒郡鶴居村に保護活動の現地拠点として、鶴居・伊藤タンチョウサンクチュアリ（以下、鶴居サンク）を開設した。ここにはレンジャーが常駐し、給餌を含む越冬環境の保全と、繁殖環境である湿地の保全、タンチョウとその生息環境を保全するための普及啓発を行っている。

11.4.1　繁殖環境の保全
(1) 野鳥保護区の設置

タンチョウ保護活動の大きな柱の一つが、独自の「野鳥保護区」の設置である。タンチョウが繁殖しているが法律による保護指定がない湿原を、寄付をもとに購入したり、所有者の企業や個人と協定を結ぶことで、環境全体を守るという手法である。これは国が保護しにくい小規模な土地や、周辺の開発計画に対して、より早急な対応が必要な場合に有効である。1987年に第1号の保護区を設置して以来、2018年8月までに北海道東部に24箇所、計2,930 haの湿原を確保している。

保護区に設定した後は、そこでタンチョウが継続して繁殖できるようにする

ため、調査や管理を行う必要がある。地上からのアプローチが可能な保護区では、繁殖期の巡回や定点調査により毎年の繁殖状況を把握しているほか、カメラマンや釣り人による撹乱を防いでいる。地上からのアプローチが難しい保護区については、定期的に飛行機を使用した調査を行い、繁殖状況や環境変化を把握している。2015年の研究者との共同調査では、保護区内に15巣、近接地で12巣の計27つがいが、繁殖に保護区を利用していることが明らかになっている。

(2) 営巣環境の復元

釧路湿原の西端に位置する保護区でタンチョウの繁殖が途絶えたので（正富ほか，1998）、現地踏査や過去の航空写真を元に環境の変化をを解析したところ、営巣に適したヨシ原の減少と、ハンノキ林の増加が明らかになった（新庄，1997）。タンチョウは、ヨシの優占する湿原に好んで営巣する。天敵が近づきにくい水辺で、早春に芽生える前の見通しの良い開けた空間を選ぶためと考えられている。巣が造られなくなった原因は、周辺の森林が伐採されたことで湿原へ土砂が流入し、ヨシ原に侵入したハンノキが増えたためと考えられた。そこで、「人為的な理由で増えたハンノキを伐採し環境を元のヨシ原に戻せば、タンチョウは再び繁殖するのではないか」との仮説に基づき、植物の専門家の助言を受けながら、伐採とモニタリング調査を重ねた。

ハンノキは伐採前には37個体、91本の幹があったが、伐採後の1999年には32個体65本に減少した。2001年に再度、萌芽の除伐を行ったところ、2年

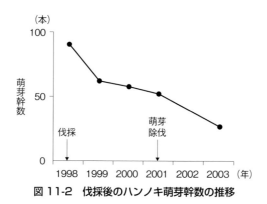

図11-2 伐採後のハンノキ萌芽幹数の推移

第11章 タンチョウとその保護活動

表11-1 ハンノキ伐採によるヨシの被度の変化

(21区画)	被度0	被度+	被度1	被度2	被度3	被度4	被度5
1999年	4	1	4	7	3	2	0
2003年	0	0	0	3	5	9	4

被度0：観察されず
被度+：わずかな被度で個体数が少ない
被度1：個体数は多いが、植被は1/20以下
被度2：個体数が多いか、植被が1/10〜1/4
被度3：植被が1/4〜1/2
被度4：植被が1/2〜3/4
被度5：植被が3/4以上

後の2003年には20個体29本と、さらに減少した（**図11-2**）。

1999年にハンノキを伐採した後のヨシの2003年の被度は21区画中18区画で高くなっており、ハンノキの伐採によってヨシ原が回復したと考えられた（**表11-1**）。

こうして4年間で約400本のハンノキを伐採し、約5,000 m^2のヨシ原を復元した。ハンノキの伐採開始から4年目の2002年の春、伐採区域から10 mほどの地点で8年ぶりにタンチョウの営巣が確認され、2羽の幼鳥が無事に育った（原田, 2004）。その後、タンチョウは繁殖を続けている。このように、保護区の環境を常にモニタリングし、タンチョウが営巣し続けられる環境を維持管理することが必要である。

11.4.2 冬期自然採食地整備による越冬環境の保全

鶴居サンク開設時の1987年、タンチョウの生息数は約400羽であった（正富ほか, 1986）。個体数はその後順調に増え、2016年2月には約1,800羽となっている（NPO法人タンチョウ保護研究グループ・釧路市動物園, 2017）。その一方で、人馴れによる電線衝突事故や交通事故などの新たな課題も生じている。また、牛舎に入り込んで餌を横取りしたり、播種直後のトウモロコシ畑で種子を食べるなどの農業被害も深刻化している。さらに、限られた越冬地にタンチョウが集中し、給餌場が過密化することによって、感染症蔓延のリスクが高まっていることも指摘されている。

このような問題を改善するために、野生で餌が十分に採れれば給餌場への過度の集中が緩和され、生息地の分散にもつながると考え、タンチョウが自然状態の餌を採れる冬期自然採食地を整備し増やす活動に、日本野鳥の会は2007年から取り組んでいる。

この事業へ取り組むにあたり、タンチョウが冬の間、どのような場所で、どのような餌を採っているのかを明らかにする必要があった。鶴居村内での行動調査の結果、タンチョウは上部が開けた農業用排水路や川の支流などを利用しており、それらは湧水で凍らない水辺であることがわかった。一方で、凍らない水辺であっても、周辺の藪（ヤナギ類の若木やエゾニワトコ、ホザキシモツケなどの灌木）や倒木に遮られ、タンチョウが利用していない水辺が多くあることもわかった。そこで、藪や倒木を除去すればタンチョウが利用できると考え、鶴居サンク給餌場隣接地で実験を行い、効果を確かめた。その後は村内全域に候補地を広げ、タンチョウが利用しやすい緩斜面の岸と浅い水深の水辺を選び、タンチョウのいない夏の間に作業を行った。整備した場所は、その冬にタイマーカメラなどを用いて利用状況を調査した。

図11-3　整備後の冬期自然採食地を利用するタンチョウ
タイマーカメラで撮影

表 11-2　冬期自然採食地で確認された水生生物リスト

綱	目	科	種名
両生	無尾	アカガエル	エゾアカガエル
硬骨魚	サケ	サケ	アメマス（イワナ）
			シロザケ（稚魚）
			サクラマス（ヤマメ）
		トゲウオ	イバラトミヨ
			エゾトミヨ
	カサゴ	カジカ	ハナカジカ
頭甲	ヤツメウナギ	ヤツメウナギ	ヤツメウナギの1種
昆虫	カゲロウ	フタオカゲロウ	1種
		ヒラタカゲロウ	6種
		モンカゲロウ	1種
		マダラカゲロウ	1種
	カワゲラ	アミメカワゲラ	3種
		オナシカワゲラ	1種
		クロカワゲラ	1種
	広翅	センブリ	センブリ（幼虫）
	トビケラ	エグリトビケラ	1種
		ナガレトビケラ	1種
		トビケラ	1種
	甲虫	ゲンゴロウ	5種
		ミズスマシ	ミヤマミズスマシ
	カメムシ	マツモムシ	マツモムシ
		ミズムシ	1種
	トンボ	サナエトンボ	モイワサナエのヤゴ
甲殻	ヨコエビ	キタヨコエビ	トゲオヨコエビ

　その結果、整備した15箇所すべてにおいて、タンチョウの利用が確認された（**図11-3**）。また、整備した自然採食地で餌資源となる生物調査を行い、両生類や魚類、水生昆虫など、22科36種の水生生物を確認した（**表11-2**）。この取り組みを、新たな生息地で、給餌に頼らない越冬環境整備の手法として活かせるよう、ノウハウをまとめている（**図11-4**）。

11.4.3　新規生息地でのサポート

　個体数の増加に伴い、タンチョウは生息域を拡大している。1960年代まで

11.4 日本野鳥の会のタンチョウ保護活動

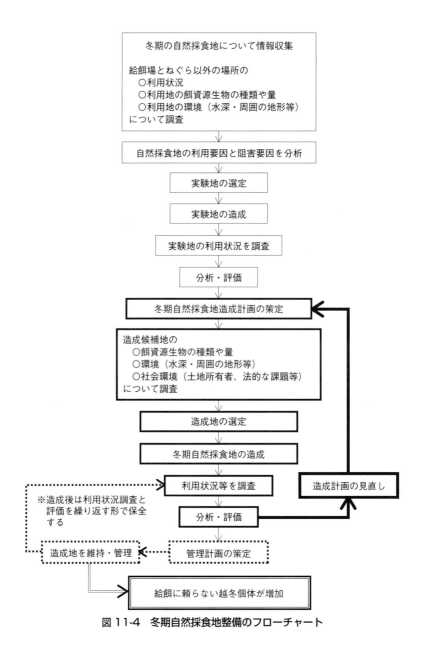

図 11-4　冬期自然採食地整備のフローチャート

第11章　タンチョウとその保護活動

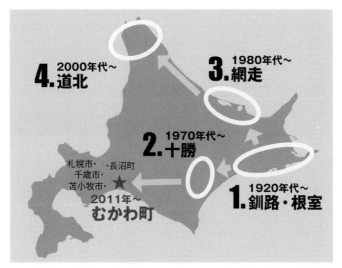

図11-5　タンチョウの繁殖地拡大の推移

は根室、釧路地域だけだった繁殖地は1970年代に十勝地方に広がり、1980年代には網走地方に、2000年代に道北のサロベツ原野でも営巣が確認された。2017年時点で最も西側で繁殖が確認されているのは、札幌市から南東に70kmほど離れた、むかわ町である（**図11-5**）。

　ここでは、2011年に初めてつがいが定着し、翌年から繁殖を始めた。タンチョウの自然分散の最前線として、定着初期の不安定な時期の事故や人による撹乱を防ぐため、当初から日本野鳥の会は地域の方と連携し、その行動を観察していた。むかわ町は大都市に近く、人が押し寄せてタンチョウの繁殖が脅かされる危険を考慮して、当初は情報公開を控えていた。ところが2015年、心ないカメラマンに追われ、2羽のひなが用水路に落ちて行方不明になった。この事故をきっかけに関係者で話し合い、情報を「伏せて守る」から、「伝えて守る」方針に転換した。そして地域の方たちが主体となり、2016年3月に「むかわタンチョウ見守り隊（以下、見守り隊）」が結成された。

　見守り隊は、観察マナーの啓発看板設置や繁殖期の巡回、地元広報紙での連載、リーフレットの作成や周辺農家へ理解を広げる活動を展開した。当会は、見守り隊の会議に毎回参加して助言などをしたほか、報告会や研修会で講師を

務め、初めてタンチョウと向き合う地元の方にこれまでの経験を伝えたり、今後起こりうる問題などを話し合い、地域の方たちとともに新しい保護の形をつくっている（日本野鳥の会，2017）。

　2016年、1羽のひなを連れたタンチョウが、徐々に行動範囲を広げて、前年より大きな用水路のある水田地帯へ移動した。まだ飛べないひなが5回も用水路に落ちる事故が発生したが、地元農家の方からの連絡や巡回中の見守り隊により、すべて助けられた。見守り隊の活動が実り、この年は1羽のひなが育った。当地は水田地帯というタンチョウにとって新たな生息環境であり、用水路への転落防止や米への農業被害の懸念など、新たな課題も生じている。しかし、むかわ町での地域の方たちの取り組みは、今後の自然分散に向け、新規生息地での貴重な先進事例となっている（日本野鳥の会，2017）。

11.5　タンチョウ保護のこれから

　タンチョウ保護は、これまでの「個体数を増やす」段階から「自然状態で安定的に存続できる」という最終的な目標に舵が切られた。絶滅危惧種の保全において、給餌などによる個体数の維持は、絶滅回避のために必要であり、また景観のなかで生態学的な地位を回復していくために必要な段階であると位置づけられる。かつての保護活動は、地域の人たちが自分たちの食べ物を分け与えるという形であったが、国の保護事業になったことで、地域で守るという意識は薄れていたのが実状である。しかし、国による給餌の削減・終了方針を受けて、現在600羽前後が越冬する鶴居村では、給餌を含めた保護、そして農業被害防止や観光振興といった地域産業との共生に向け、再び地域主体で取り組む機運が生まれている。

　一方、今後の自然分散においては、道央の水田という道東や道北にはない環境で、前述した課題への対応が求められる。新たな生息地では、タンチョウと共に暮らすことへの地域の理解や合意が必要不可欠である。日本野鳥の会も、地価が高い道央圏では、今までのように生息地を買い取る手法をとることは難しいので、地域の力によってタンチョウを守っていく仕組みをサポートすることに重点を置いている。

当会の目標は、将来、タンチョウが全道の湿原で繁殖し、給餌に頼らずに越冬することである。そのためには、自然環境の保全とともに、タンチョウを受け入れる社会環境の整備が重要である。これは、タンチョウに限ったことではない。大型鳥類が将来安定的に存続していくためには、地域社会の協力と理解を得ることが不可欠である。「見守り隊」は地域主体のモニタリングとも言える。北海道でのタンチョウ保護の取り組みがローカルモデルとなるよう、今後も、これまで培ってきたノウハウを活かして、その地域の実情に合ったやり方を地域の方たちとともに創りながら、地域のタンチョウを地域主体で守っていけるよう支援していきたい。
〔原田　修〕

[引用文献]

原田　修（2004）タンチョウ営巣環境の復元．釧路国際ウェットランドセンター技術委員会調査研究報告書，pp.25-38.

環境庁・農林水産省・建設省（1993）タンチョウ保護増殖事業計画．環境庁．

環境省北海道地方環境事務所・釧路自然環境事務所（2013）タンチョウ生息地分散行動計画．環境省北海道地方環境事務所．

小林清勇・正富宏之・古賀公也（2002）タンチョウは何を食べているか．阿寒国際鶴センター紀要 **2**: 3-21.

正富宏之・百瀬邦和・杉沢拓男・菊池　浩・桜井幸次（1986）冬期給餌場を利用するタンチョウ個体数．専大北海道紀要 **19**: 45-54.

正富宏之・百瀬邦和・古賀公也・松本文雄・松尾武芳・百瀬ゆりあ（1998）1997年と1998年の繁殖期におけるタンチョウの生息状況．専修大学北海道短期大学紀要 **31**: 137-171.

正富宏之（2000）タンチョウ そのすべて．北海道新聞社．

Meine, C. D. and Archibald, G.W., eds. (1996) The cranes: Status survey and conservation action plan. IUCN, Gland, Switzerland, and Cambridge, U. K.

（公財）日本野鳥の会（2015）冬期自然採食地整備7年間のまとめ．鶴居・伊藤タンチョウサンクチュアリ2014. Annual Report: 2-3.

（公財）日本野鳥の会（2017）新規生息地での取り組み．鶴居・伊藤タンチョウサンクチュアリ2016. Annual Report: 2-3.

NPO法人タンチョウ保護研究グループ・釧路市動物園（2017）2015-2016年の冬期における北海道のタンチョウ個体数．阿寒国際ツルセンター紀要 **14**: 3-26.

新庄久志（1997）ハンノキ林に見る釧路湿原の変容．財団法人自然保護助成基金1994・1995年度研究助成報告書，pp.223-229.

第12章 サンショウウオ類の保全対策

12.1 はじめに

　様々な建設事業が行われ、絶滅危惧種の個体群に影響を与えている。本章では、建設事業が絶滅危惧種の個体群へ与える影響と、それを回避するための具体的な保全対策について検討する。

　建設事業において、構造物設置のインパクトに影響を受けやすい生物として、両生類が挙げられる。両生類は国内では多くの種が十数 cm 以下の小動物であり、陸生の脊椎動物としては最も移動能が低いからである。また、その生息には繁殖空間および幼生の生活空間となる水域と、成体の生活空間となる陸域の両方があることが必要とされ、それらが建設工事によって分断されやすいためである。両生類の中でも、有尾目（サンショウウオ類とイモリ類）はその大半が国のレッドリストに掲載されるほど、絶滅のおそれが強い分類群である。

12.2 サンショウウオ類の生活史

　日本のサンショウウオ類は、オオサンショウウオ科とサンショウウオ科に大きく分けられる。前者の在来種はオオサンショウウオ1属1種のみであり、後者はキタサンショウウオ属、サンショウウオ属、ハコネサンショウウオ属の3属から成る。国内産のサンショウウオ属は2018年現在24種が知られるが、形態的に区別がつかなかった隠蔽種の存在が明らかになることにより、その種数

表12-1 サンショウウオ属の概要

カテゴリー*		種名	学名
種の保存法	レッドリスト		
国内	CR	アベサンショウウオ	*Hynobius abei*
国内	CR	アマクササンショウウオ	*H. amakusaensis*
	CR	ミカワサンショウウオ	*H. mikawaensis*
国内	EN	オオスミサンショウウオ	*H. osumiensis*
国内	EN	ソボサンショウウオ	*H. shinichisatoi*
	EN	アカイシサンショウウオ	*H. katoi*
	EN	ハクバサンショウウオ	*H. hidamontanus*
	EN	ホクリクサンショウウオ	*H. takedai*
	VU	オオイタサンショウウオ	*H. dunni*
	VU	オオダイガハラサンショウウオ	*H. boulengeri*
	VU	オキサンショウウオ	*H. okiensis*
	VU	カスミサンショウウオ	*H. nebulosus*
	VU	トウキョウサンショウウオ	*H. tokyoensis*
	VU	ベッコウサンショウウオ	*H. ikioi*
	NT	イシヅチサンショウウオ	*H. hirosei*
	NT	クロサンショウウオ	*H. nigrescens*
	NT	コガタブチサンショウウオ	*H. stejnegeri*
	NT	ツシマサンショウウオ	*H. tsuensis*
	NT	トウホクサンショウウオ	*H. lichenatus*
	NT	ヒダサンショウウオ	*H. kimurae*
	NT	ブチサンショウウオ	*H. naevius*
	DD	エゾサンショウウオ	*H. retardatus*
		ヒガシヒダサンショウウオ	*H. fossigenus*
		トサシミズサンショウウオ	*H. tosashimizuensis*

＊国内：国内希少野生動植物種　CR：絶滅危惧ⅠA類　EN：絶滅危惧ⅠB類

は増える可能性がある。

　サンショウウオ属は、全種が日本固有種であり、分布が国内に限られている。2018年に新種記載された2種を除き全種が環境省レッドリスト2018に掲載され、その一部は種の保存法（絶滅のおそれのある野生動植物の種の保存に関する法律）の国内希少野生動植物種にも指定されており、種ごとの概要は**表12-1**に示す通りである。

　その生活史は、主に早春に種ごとに固有の繁殖水域に成熟個体が集まり、メスは数十個の卵の入った卵嚢を、通常1対産卵する。繁殖水域は2タイプに大別され、止水的環境（緩やかな流れも含む）に産卵し、そのまま幼生の生活空間となる止水性の種と、源流付近の流れや伏流水で産卵し、沢や流れが幼生の

12.2 サンショウウオ類の生活史

分布				繁殖区分	分布特性
九州	四国	本州	北海道		
		○		止水性	局所分布
(天草諸島)				流水性	局所分布
		○		止水性	局所分布
○				流水性	局所分布
○				流水性	局所分布
		○		流水性	局所分布
		○		止水性	局所分布
		○		止水性	局所分布
○				止水性	
		○		流水性	局所分布
		(隠岐の島)		流水性	局所分布
○	○			止水性	
		○		止水性	
○				流水性	局所分布
	○			流水性	局所分布
		○		止水性	
○	○	○		流水性	
(対馬)				流水性	局所分布
		○		止水性	
		○		流水性	
○		○		流水性	
			○	止水性	
		○		流水性	
		○		止水性	局所分布

VU:絶滅危惧Ⅱ類　NT:準絶滅危惧　DD:情報不足

生活空間となる流水性の種である。孵化後は小さな水生生物を餌とし、一部の種では同種の幼生を食べる共食いも報告されている。変態して上陸後は樹林地の地表部から半地中部を生活空間とし、林床の無脊椎動物を主に食している。上陸後の移動形態は地這性であり、垂直面が連続するような構造物があると移動が阻害されやすい。

　サンショウウオ類が絶滅危惧となる要因は、平野〜台地・丘陵地に生息する種(主に止水性種)は大規模開発による生息地の消失や乾田化に伴う繁殖環境の減少等であり、山地生の種(主に流水性種)は森林伐採や林道建設に伴う土砂流入による渓流環境の悪化等である。

12.3 環境アセスメントにおける保全措置

　環境アセスメントにおける保全措置は、回避、低減、代償の順で検討する。道路事業を例にすると、生息地を回避したルート確保が最善であるが、サンショウウオ類の繁殖水域は山地の沢や流れ、もしくは農村域の池や溝、溜まり水等で、通常は地域内に小規模に広く点在しており、特定の重要な生息地として認識されることは稀である。そのため、道路のルート選択で「回避」が行われることはほとんどない。そこで次善の対応として、土地改変によるサンショウウオ個体の直接的な殺傷、あるいは水系の変更による繁殖水域の枯渇、工事中の繁殖水域への濁水流入、あるいは側溝設置による移動阻害等への影響を少なくするような「低減」が検討される。最後に「代償」として、土地改変に伴う繁殖水域の消失に対する新たな水域の創出、あるいは道路による生息域の分断化に対しての横断用トンネル等の設置が検討されている。

　次に、各地の事例より、事業の調査段階、計画段階、施工段階、管理段階での特色ある保全手法を紹介する。

12.3.1　調査段階における絶滅危惧種の保全
(1) 移殖先のハビタットの適性の検討

　サンショウウオ類は移動能が高くはなく、通常は工事に伴い土地改変区域内に生息する個体は生息地を失うことになる。そこで、改変の影響を受けず、かつ生息に適すると判断される場所にそれらの個体（成体・幼生・卵嚢）を移殖する保全措置が多く行われている（長谷川ほか，2015）。その際の移殖個体の生活史のステージは、採集が容易な卵嚢が用いられる場合が多い（長谷川ほか，2015）。

　サンショウウオ類の幼生は孵化年の秋季に変態・上陸するまでの間は水中生活を送り、時には幼生のまま越冬して翌年に上陸する。そのため、卵嚢の採集が容易な春季に水域が存在していても、夏季には干上がるような一時水域への移殖はそこでの幼生の生存が見込めず、保全措置の目的を達成できないことになる。また、繁殖水域の隣接域に成体の生活空間となる樹林地が存在しない場合、あるいは樹林地があってもその樹林地との間に移動阻害要因がある場合も

同様である。これを避けるためには、個体移殖を行うにあたり、移殖に先立って候補水域が夏季に水域を形成するかどうかや、樹林地の有無と連続性を調査し、幼生が上陸するまでのハビタットとしての適性を判断する。そして、幼生のハビタットとして不適と判断された水域を外して、移殖を実施する。調査時点で課題が明らかになった場合、それをフィードバックして事業計画に反映することが重要である。

(2) 遺伝子解析による移殖先水系の検討

　サンショウウオ類は移殖による保全措置が多いのは前述の通りであるが、移動能が低い故に、止水性の種に比較して山地の流水性の種は水系ごとに遺伝子グループの分化が生じやすい。特に河川源流部を生息域とする種では、沢ごとに遺伝子構成が異なる場合もあり、異なる遺伝子構成を持つ個体を移殖すると、移殖先の個体群に対して遺伝的撹乱を引き起こすおそれがある。そこで、アカイシサンショウウオの保全では、保全措置として個体移殖を行うにあたり、まず周辺域の個体および移殖個体のDNA解析を行い、遺伝子グループの類似性をもとに移殖先の水系を判断する（上野ほか，2016）。その際、生息密度が低いことから、数年前からDNAサンプルの収集を行う。

　実際の移殖においては、その結果をもとに移殖個体の採集場所ごとに移殖先を決めて遺伝的撹乱が生じないように努める。保全措置による移殖が、結果として周囲の個体群に遺伝的撹乱を生じさせることは避けなければならず、事前に十分な調査を行うことが重要である。

12.3.2　計画段階における絶滅危惧種の保全
(1) 繁殖水域への道路横断路（アンダーパス）の確保

　道路事業においては、道路の建設が繁殖水域と非繁殖期の生活空間を分断する懸念があり、アンダーパスの設置によりサンショウウオが行き来できるような計画が求められる。欧米では両生類用のアンダーパスが注目され広く用いられている（Langton, 1989）のに対し、日本では両生類の利用に特化したものは必ずしも多くはない。クロサンショウウオの保全では、繁殖水域に隣接して工事用道路が設置されるのを受けて、道路のルート変更や設置工法の工夫でで

きるだけ生息環境の保全を図るとともに、前述した分断への配慮としてカルバート（構造物）によるアンダーパスを計画し、実際に設置している（上野ほか，2016）。

　この事例では、繁殖水域のある湿地に接する部分から道路反対側の斜面樹林端部までの約5mにわたり、縦40cm×横40cmの断面のクロサンショウウオ移動用のカルバートを、間隔をあけて3本設置している。湿地に向かってやや傾斜させ、また出入り口部から八の字状にコンクリート製の障壁を道路の盛り土末端部まで延ばすことで、クロサンショウウオが入口に誘導される設計であった。なお、成体がカルバートを利用して湿地と樹林地を行き来しているのが、モニタリングにより確認されている。

(2) 保全型タイプの集水桝の設置

　山地での道路事業ではいくつもの沢を横切る路線計画となるが、一般に盛り土で塞いだ沢の排水のために、道路脇の上流側に集水桝が設置される。一般に用いられる深い垂直壁で開口部が狭いコンクリート製の集水桝では、流下して桝内に停滞する流水性サンショウウオの幼生の生育あるいは上陸が困難な場合が多い。また増水時には逃げ場の少ない集水桝への強い流入が生じ、流下もしくは物理的な受傷による致死も懸念される。ヒダサンショウウオの保全では、増水時の幼生の流下防止と水域内での生育も可能な保全型タイプの集水桝を設置した（上野ほか，2016；図 12-1）。

図 12-1 サンショウウオ幼生の保全型集水桝
両岸は階段状の蛇籠とし（左）、排水は越流式にして幼生の流下を防ぐ（右）
出典：上野ほか（2016）

この場合、水域の開口部を広くし、蛇籠を用いて階段状に水深を変化させるとともに、空隙のある詰石が増水時にクロサンショウウオの幼生が逃げ込める空間になるように工夫した。また、水面の位置に越流式の排水口を設けて、幼生が流下しないように努めた。さらに、桝の上流側の水際にはスロープ状の蛇籠を設置して、流入沢への遡上や集水桝のなかで変態して上陸できるようにしている。

12.3.3 施工段階における絶滅危惧種の保全—工事中の濁水流入に対する対策

一般に、建設事業の施工時には土地造成等に伴い裸地が生じるため、降雨時にはそこからの濁水が繁殖水域に流入することによる卵や幼生の生存率の低下が危惧される。このため、造成法面の処理により濁水の発生抑制や繁殖水域への流入防除の検討が求められる。

カスミサンショウウオの保全では、降雨時の表面流による濁水発生を抑制するため、工事を降雨の少ない時期に行っている（上野ほか，2016）。そして、盛り土の天端面に繁殖水域とは反対側へ向け緩い下り勾配をつけることで濁水が直接流入するのを防ぎ、その表面流もいったん集めて沈砂させてから排水した。また、造成法面からの表面水に対しては降雨時には裸地法面にシートを張るとともに、植生マット等で早期緑化を図ることで濁水発生の防止に努めていた。さらに、造成法面末端の繁殖水域に接する部分に沈砂池を設け、ヤシ繊維を沈砂池周囲に配することで流入水のろ過材として機能させていた。

12.3.4 管理段階における絶滅危惧種の保全
(1) 産卵数モニタリングと環境改善管理

代替措置として行われる繁殖水域への移殖においては、移殖後のモニタリングによる効果の検証や環境管理を行う必要がある。トウキョウサンショウウオの保全では、移殖年に合わせて周囲の樹林の密度管理やマント群落の除去等の植生管理を行うとともに、移殖2年目には創出した水域の流入水の流れの調整や溜まった土砂の泥上げ等の環境整備も行っている（上野ほか，2016）。また、サンショウウオ類を捕食すると考えられるアメリカザリガニの駆除を継続することで、その個体数密度を低く抑えていた。モニタリングによる産卵数の変動

の把握を 5 年にわたり継続し、概ね安定的に繁殖が継続したことを確認している。さらに、ため池等の地域の水域ネットワークのなかにこの代替水域を位置づけており、絶滅危惧種の保全のみならずトウキョウサンショウウオに代表される水辺の多様な生物の生息を保全目標に置いている。

(2) マイクロチップを用いた保全措置の効果の検証

保全措置として改変区域の成体を周辺部の既存の繁殖水域に移殖しても、移殖個体がその水域で繁殖に参加するかは必ずしも明らかでない。特に両生類は帰巣性が強いため、移殖元の水域を目指したまま戻ってこないことも想定される。しかし、これまで移殖個体と元から利用していた個体を識別することができず、移殖個体が既存の個体群の繁殖集団に紛れてしまい、効果の検証が困難であった。これに対し、近年は極小タイプのマイクロチップが製品化され、比較的容易に成体の個体識別が可能となり、これを活用して移殖効果の検証を行うことができる。

オオイタサンショウウオの保全では、まず移殖先の適性や移殖方法、移殖後のモニタリング手法を事前に検討し、移殖するオオイタサンショウウオの成体にマイクロチップを装着させた（上野ほか，2016）。以降の繁殖期にこの水域に訪れる成体に対し、読み取り機を用いて移殖個体の出現の有無をモニタリングした。その結果、一度も再捕獲されない移殖個体も多いものの、ある移殖個体は移殖後 6 年目までに 4 回の繁殖期で再捕獲された。このように、少なくとも一部の個体では、移殖された新たな水域を繁殖水域と認識し、繰り返して利用することが確認された。

12.4　保全措置で留意すべき点

サンショウウオ類を含む両生類は、水中生活から陸上生活へと生活史段階に即した異なるハビタットがその生息に不可欠で、その間の季節的な移動が毎年繰り返される。このような生活史の特性や、地這性という移動特性に配慮した保全措置が求められる。一般に、繁殖水域が保全上注目されやすいが、特に樹林性種については非繁殖期の生活空間や越冬空間に関する生態的な知見は意外

に少なく、その未知性を踏まえ、非繁殖期に重点を置いた順応的な対応が求められる。本章で取り上げた保全措置の事例は、事前の調査における水域の安定性や遺伝グループの検討、保全措置計画と生息域分断の解消、施工時の濁水対策や幼生の流下対策、モニタリングによる効果検証と事後管理等であった。いずれもサンショウウオ類の生活史や移動特性に配慮した工夫をしており、示唆に富む実践事例である。

　生息域の分断の影響を受けやすい両生類は、サンショウウオ類に限らず、カエル類やイモリ類でもレッドリストに掲載される種が増えつつあり、その影響に対する保全措置は大きな課題である。これまでの保全措置は、消失するハビタットの代償として道路の周囲における繁殖水域の保全や創出が多く行われていた。

　ミクロに見れば、繁殖水域の数や繁殖水域を中心に周囲の非繁殖期の生活空間の確保と保全が課題と言える。消失するハビタットの量と質に対し、等価以上の代償措置を検討する手法としてはHEP（Habitat Evaluation Procedure：ハビタット評価手続き）が知られる。HEPとは、1970年代にアメリカで開発された環境評価手法で、複雑な生態系の概念を特定の野生生物のハビタットとしての価値に置き換え、その土地の「質」×「空間（面積）」×「時間」によって、生態系の価値を定量的に評価するものである（田中, 2006）。しかし、環境影響評価において両生類を対象に用いられる事例はまだ少ない（田中ほか, 2008）。その際、日本産のサンショウウオ属の繁殖水域から夏季の生活空間までの距離は100〜200m程度が報告されているものの（Kusano and Miyashita, 1984; 園田ほか, 2015）、これにも未知性を踏まえた配慮が求められる。

　また、マクロな視点で見れば、建設事業による地域個体群の遺伝的交流の分断に対する地域全体での実践のあり方、例えば両生類の移動能を考慮した間隔で道路に横断路を設ける等も、今後は積極的に議論される必要がある。一般に両生類は、局所個体群の消失と再移入による動的な地域の個体群維持を行っており、個体分散が重要な役割を果たしているためである（Beebee, 1996; Bervan and Grudzien, 1990）。個体の保護ではなくハビタットの保全、さらに地域の個体群の健全性への寄与といった、ミクロからマクロのスケールの階層性を念頭に置いた保全対策が両生類においては特に重要である。

〔大澤啓志〕

[引用文献]

Beebee, T. J. C. (1996) Ecology and Conservation of Amphibians. Chapman and Hall, London, 213pp.

Bervan, K. A. and Grudzien, T. A. (1990) Dispersal in the wood frog (*Rana sylvstica*): implications for genetic population structure. *Evolution* **44**: 2047-2056.

長谷川啓一・上野裕介・大城 温・神田真由子・井上隆司・大澤啓志 (2015) 全国の道路事業における両生類移設の傾向と技術的課題—自然環境保全技術の向上に向けた事例分析—. 第43回環境システム研究論文発表会講演集, pp.297-302.

Kusano, T. and Miyashita, K. (1984) Dispersal of the Salamander, *Hynobius nebulosus tokyoensis*. *J. Herpetology* **18**(3): 349-353.

Langton, T. E. S. ed. (1989) Amphibians and Roads: Proceedings of the Toad Tunnel Conference. ACO Polymer Products, Shefford, England. 202 pp.

園田陽一・上野裕介・松江正彦・栗原正夫 (2015) マイクロチップを用いたサンショウウオ類の生息環境評価と環境保全措置の効果検証.「野生生物と交通」研究発表会講演論文集 **14**: 25-30.

田中 章 (2006) HEP入門〈ハビタット評価手続き〉マニュアル. 朝倉書店. 266pp.

田中 章・大澤啓志・吉沢麻衣子 (2008) 環境アセスメントにおける日本初のHEP適用事例. ランドスケープ研究 **71**(5): 543-548.

上野裕介・栗原正夫・大城 温・井上隆司・瀧本真理・光谷友樹・長谷川啓一 (2016) 道路環境影響評価の技術手法「13. 動物、植物、生態系」における環境保全のための取り組みに関する事例集 (平成27年度版). 国総研資料 **906**: 3-5-1〜3-5-47.

第13章 ホトケドジョウの保護と生息地復元

環境省レッドリスト2019には、絶滅のおそれのある汽水・淡水魚が169種も掲載されており（環境省，2019）、日本の内水面環境の深刻さを反映している。本章では、日本産淡水魚のなかで特に厳しい状況に置かれながらも、湧水の指標種として生息地の保全・復元が各地で展開されているホトケドジョウについて、生態工学的な復元手法とその成果を紹介する。

13.1 ホトケドジョウの生態

ドジョウは、水田とその周辺に多く、いつも泥のなかに潜っている。これに対してホトケドジョウ（*Lefua echigonia*）は同じコイ目ドジョウ科であるが、ドジョウより体長が短く、よく泳ぐ小さな魚であり、体色は茶褐色または赤褐色で、体側に黒点が存在するものが多い。4対8本のひげを持つ。平野部や低山の河川源流域が主な生息地である。

本種の生息地は、秋田県・岩手県以南から岡山県までの本州と四国の一部とされてきた。しかし現在では、西日本の一部のものはナガレホトケドジョウとして別種とされている（細谷，1994）。本種は兵庫県加古川水系までは確実に分布する（青山，2000）。成魚は、大きな個体で全長8 cm程度、普通は5〜6 cmで、1年で成熟し春から夏にかけて産卵する。卵は水草や水中に張り出した植物の根、落ち葉等に産み付けられる。飼育水槽では、1日当たり数粒から200粒前後、2カ月間に合計1,000〜1,500粒を産卵した（勝呂，2002）。卵の

直径は 1.2 〜 1.4 mm、水温 20℃では 2 日で孵化する。孵化仔魚は全長 3 〜 4 mm、孵化後 15 日で 20 mm 程度になり、翌春には 40 〜 50 mm に成長する。

　神奈川県では、ホトケドジョウは多摩川、鶴見川、相模川、金目川(かなめがわ)などの主要河川の支流域および源流域から記録があるが、都市化に伴う湧水源の消失により急激に生息地が減少し、環境省レッドリスト、県レッドデータブック（勝呂・瀬能, 2006）とも「絶滅危惧ⅠB類」とされている。相模川沿いにある神奈川県水産技術センター・内水面試験場（以下、試験場）では、絶滅に瀕している淡水魚の保護増殖を行っている。生息地の調査、種苗生産技術の開発、生息地の保全・復元が主な内容で、河川や湖沼の健全な生態系を取り戻すことを最終目標としている。その一環として、ホトケドジョウの調査研究にも取り組んできた。

　成魚の飼育は水温に注意し、上限は 27℃くらいまで、下限は 10℃程度までが理想である。餌はフレーク状の配合飼料を与え、時々、アカムシなどの生餌を与えると成長がよい。産卵水槽は 60 cm ガラス水槽や円形 100L 水槽を用いて、人工水草（キンラン）に自然産卵させる（勝呂, 2002）。試験場では 1997 年より県内各地の系統の種苗生産を開始し、さらに 2 トン FRP（繊維強化プラスチック）水槽を使用した数千尾規模の大量生産にも成功した。

　効率的な生産のためには、親魚の収容数への配慮が必要である。すなわち、多数の親魚を入れると卵の食害が増えて得られる稚魚が減るため、例えば 45 cm 水槽ではメス 1 尾・オス 1 尾のペアで産卵させると生産効率がよい。また、遺伝的な多様性を確保するために親魚の収容数を増やす場合は、人工水草の設置数を増やして産着卵の食害を減らすことで、多くの種苗を得ることができる（勝呂, 2005）。孵化稚魚は、アルテミア幼生と海産魚用配合飼料を与え、循環ろ過式の水槽で飼育している。

　ホトケドジョウの遺伝的差異については研究が進み、各地の個体群間で DNA レベルの地理的変異が明らかにされている（Saka et al., 2003; Sakai et al., 2001）。特に神奈川県の系統群は複雑な地史が関係し、三つの大きな集団に分けられる（宮崎ほか, 2007）。そのため試験場では、本種の地域個体群に配慮して生息地ごとに継代飼育を行っている。すなわち、系統が混じらないように使用する道具や人工水草まで区別するとともに、採卵時期をずらして種苗

生産を行っている。しかも、遺伝的多様性を保つため、なるべく多くの親魚を使用する種苗生産を行っているので、現場の苦労は相当なものである。

　絶滅危惧種にとって、飼育下における遺伝子保存は最低限必要でかつ重要な対策であるが、あくまで緊急避難的な措置と言える。最終目標は自然水域での生息地の保全・復元である。このため試験場では、ビオトープ「谷戸池」において復元研究を実施し、その成果を県内各地の保全・復元事業に活用してきた。

13.2　ホトケドジョウの復元研究

　「谷戸池」は、試験場内に造られた面積約 120 m^2 の人工河川である（図 13-1）。相模川の河川伏流水を毎分 10 L 導水しており、環境の多様性を創出するため本流域（A・B）とワンド状の水域（C・D）を配した設計となっている。本流域は流れ幅 1.2～4.5 m、導水部から流下するに従い水深が増す構造で、排水部の水深が 0.5 m で最も深い。ワンド状の水域はほぼ止水状態で、C

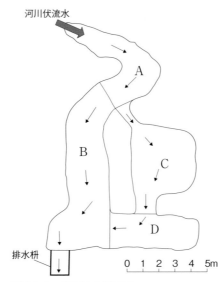

図 13-1　谷戸池の概要図
→：水の流れ

は本流域と水路でつながる約 8 m² の方形の池で中央部が水深 0.6 m で最も深く、D は C と水路でつながり、本流域と合流する約 16 m² の帯状の水域で水深は 0.6 m である（**表 13-1**）。谷戸池の底面はブルーシートを二重に敷いて漏水を防止し、A には礫石、他の水域にはシートが隠れる程度に泥で覆った。水草は当初、エビモとホテイアオイを移植した。供試魚は、試験場で種苗生産したホトケドジョウを雌雄 20 尾ずつ、1998 年 5 月に放流した。

　この谷戸池では、ホトケドジョウの生残や成長等を把握するために、曳網（ひきあみ）、叉手網（さであみ）および手網（てあみ）を用いた採集調査を継続的に行っている。繁殖状況や移動生態などの詳細なデータが必要な場合は 10 〜 30 日おきに調査を実施する必要があるが、毎年の生息状況を確認するだけであれば、年間 4 回程度で十分である。

　谷戸池では、ホトケドジョウの移動や繁殖場所など生態の詳細を解明するため、採集前に網で四つに仕切って各水域別にデータを収集した。採集個体は麻酔して、雌雄の判別や体長、体重の測定を行った後で放流した。2002 年 5 月〜 2003 年 2 月の調査では、谷戸池内での季節的な移動を把握するため標識放流を行い、個体ごとに採集場所を記録した（片野・勝呂，2010）。さらに、食性を調べるために採集したホトケドジョウ 30 尾をホルマリンで固定し、実体顕微鏡下で胃内容物を解析した。絶滅危惧種の調査研究においては、採集による魚や環境へのダメージを最低限にする配慮が必要であり、特に標本は最低限とし、必要なデータを取得した後は魚を採集地点に戻すのが基本である。

　淡水魚の調査においては、研究対象の生物データのほかに、水温や水質などの物理・化学的環境、他の生物の生息状況といった生物的環境の把握も重要となる。谷戸池では水温は自動水温計を用いて計測し、水質は水素イオン濃度、溶存酸素、電気伝導度を月に 1 回計測した。計測場所は調査水域が限られている場合は代表地点でよいが、対象水域が広範囲な場合や物理的環境の差が大きい場合、あるいは魚の移動や産卵等の生態について詳細な調査が必要な場合は、関係する地点ごとにデータを収集し、対象魚類の魚体データと照合し解析を行う。生物的環境は、対象魚類の調査時に合わせて水生生物の採集を行い、体長・体重などの計測を行えば、ある程度の定性調査が可能である。谷戸池では、採集された水生生物を同定・分類し、個体数とバイオマスを計測してい

表13-1 谷戸池の物理的環境

		A（上流）	B（下流）	C（池）	D（ワンド）	池全体
面積（m²）		11.6	16.2	8.2	16.0	52.0
流程（m）		7.5	6.9	5.0	4.3	23.7
流れ幅（m）	平均値	1.9 ± 0.7 [*1]	3.2 ± 0.8	3.7 ± 0.2	2.3 ± 0.2	2.7
	最大値	2.8	4.5	4.0	2.5	4.5
	最小値	1.2	2.5	3.5	2.0	1.2
水深（m）	平均値	0.25 ± 0.88	0.43 ± 0.29	0.38 ± 0.08	0.29 ± 0.12	0.3
	最大値	0.3	0.5	0.6	0.5	0.6
流速（m/s）	平均値	0.41	0.2	0.09	0.02	7.8
底質（%）[*2]	礫（50-250mm）	25.0	8.0	2.0	3.0	9.5
	小石（4-50mm）	0.0	1.0	1.0	2.0	1.0
	砂・泥（<4mm）	75.0	91.0	97.0	95.0	89.5
カバー（%）[*3]		55.0	32.0	87.5	86.9	65.4
カバー（%）[*4]		42.0	36.5	26.5	45.5	37.6

*1：平均値±標準偏差で示した
*2：竹門ほか（1993）による簡易底質分類
*3：各水域の底面積に占める陸上植物の投影面積の概算割合
*4：各水域において水草（オオカナダモ他）が底面積に占める概算割合

る。また、生物環境の詳細な評価のため、2000年には底生生物の定量調査をサーバーネットで月1回行うとともに、併せて手網による定性調査も全域で実施することで、生物の種組成やバイオマスの動態を把握した。

　谷戸池では1998年の放流年からホトケドジョウが繁殖し、その後も毎年初夏に大量の稚魚が出現し、安定した再生産が確認されている。そのため、十数年に及ぶ継続した調査から、本種の生残、成長、繁殖、環境の選好性などの基礎データが収集できた。

　その生態を紹介すると、まず春から夏にかけて親のホトケドジョウは本流から離れたCやDの浅い岸辺で産卵する。ホトケドジョウが卵を産み付ける産卵基質は水草や陸生植物の根などである。孵化した稚魚は、初めは植物の被覆がある同水域岸寄りにとどまるが、成長につれて流れのあるBへと移動する。

さらに、晩秋から冬にかけて水温が低下すると、Aの源流域の導水部付近に集まる。源流域と他水域との水温差は0.5〜1.0℃であるが、ホトケドジョウにとって、この水温差が重要なようである。

谷戸池の研究結果から本種の保全・復元におけるポイントとして、湧水と産卵基質の存在、そして産卵場や越冬場を含む多様な環境の創出を挙げることができる。特に湧水は不可欠で、水域全体が夏は低め、冬は高めとなる水温が望ましい。本池の産卵場となった緩やかな流れの浅場では、豊富な水草と陸上植物の根が存在する。これらの産卵基質の存在により、繁殖が順調に行われたと考えられる。また、食性調査の結果、本種は雑食性であり、水生の昆虫類や甲殻類のほかにも水域周辺の陸上植物に由来する落下昆虫やクモなどを多く捕食していることが明らかにされた。このため、岸沿いの陸生植物は、水中に張り出す根などの産卵基質や水面の被覆素材として必要なだけでなく、餌の供給源としても重要であることが示された。さらに谷戸池では、親魚の産卵場、稚魚の育成場、越冬場等が明確に異なり、各成長段階によって主要な生息場を使い分けていることも判明した。小さなビオトープ水域であっても、できる限り異なる環境を創出し、ホトケドジョウが季節や成長段階などに応じて好適な場所を選択できるような配慮が必要である。

谷戸池は試験場の位置する自然豊かな河川敷という立地条件が幸いして、ホトケドジョウのほかにもゲンゴロウ類、ヤゴ類などの水生昆虫、貝類や甲殻類などが多く出現し、これまでに20目50科81種もの水生生物が確認されている。このように、ホトケドジョウが棲める環境を保全・復元することによって、同じ水域に生息する生物が共存し、谷戸の生態系を保全できることが立証された。ホトケドジョウを「谷戸の指標種」とすることで、それにより谷戸の保全が進めば、ホトケドジョウは「谷戸の救世主」となり得る。

13.3 ホトケドジョウの保全活動

川崎市生田緑地では、1996年3月に、岡本太郎美術館建設予定地においてホトケドジョウの生息が確認された。その保護のため、事業主体の川崎市教育委員会と市民が話し合いを持ち、「生田緑地ホトケドジョウ保存事業実行委員

会」が結成され、復元活動を行ってきた（生田緑地ホトケドジョウ保存事業実行委員会，2001）。美術館建設に先立ち、ホトケドジョウは試験場に緊急避難させ、種苗生産が行われた。生田緑地内における復元池の造成は、まず1998年に試験を兼ねた三つのビオトープ池が関係者の手作りで完成し、その後、1999年には中心的な保全活動の場となる大規模復元池が完成した（**図13-2**）。

　大規模復元池は、下段に緩衝帯としての機能を持つ既存の池の再整備を含めて設計された。復元池は水面積が260 m^2、最大水深が115 cmの楕円形で、美術館の地下に湧水の集水桝を造成して主水源とするほか、民家園側からも湧水を導入している。下流側の水際には、松丸太の杭を連ねて土留めとする幅50 cmほどの浅場を造成し（**図13-2**）、産卵場および稚魚の育成場とした。また、環境の多様性を創出するため中央部に木杭の水中柵を設置し、水深の異なる二つの水域に分ける設計とした。ただし現在は度重なる土砂の流入のため、その土砂で中央部に島を造成し、二つの水域が細い流れでつながった構造となっている。

　生育状況の調査は年に数回、試験場と「生田緑地の谷戸とホトケドジョウを守る会（以下、守る会）」が協力して、先述の谷戸池と同様の手法で行っている。ホトケドジョウは放流直後から順調に繁殖し、大量の稚魚が増えていた。夏季には池周辺の浅場が稚魚の育成場となっており、岸沿いの水中に張り出した陸生植物の根や落ち葉等に産卵していた。稚魚はしばらく浅場にとどまるが、成長が進むにつれ池全体に分散した。しかし、冬期には民家園側から湧水が入る地点に集中し、ひと網で50尾も入ることもあった（**図13-3**）。毎年、この越冬ポイントでの採集数が、年間の全調査採集数の90％以上を占めている。

　こうした湧水に集中する越冬生態は、湧水部の直接的な土地改変や湧水の導入における機械の故障などに対し、脆弱である。環境の変動を抑えるとともに外敵から防護するために水深は1.0 m程度が理想であり、最低でも0.5 mは必要である。そこへ安定した量の湧水を導入して、本種が落ち着いて越冬できる空間を確保することが重要である。2006年からは、試験場と日本大学生物資源科学部および守る会の共同プロジェクトとして、イラストマー・タグ（魚類に用いられる色素による標識タグ）を使用した標識放流調査を行っている。各

第 13 章　ホトケドジョウの保護と生息地復元

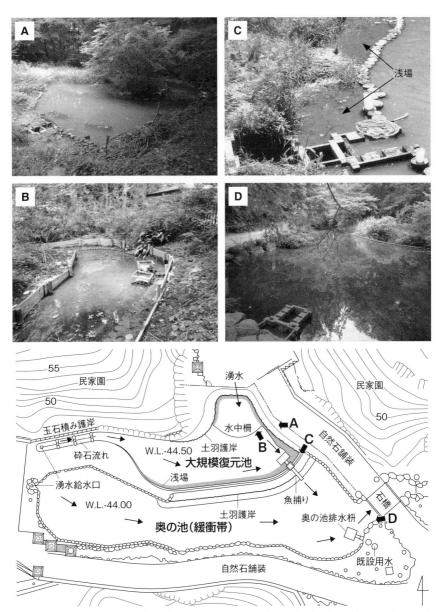

図 13-2　生田緑地・大規模復元池および奥の池（緩衝帯）の概況写真（上）と概要図（下）
写真は 2014 年 8 月撮影。➡：写真の撮影方向　　→：水の流れ
図面は、『平成 11 年度生田緑地ホトケドジョウ保存事業報告書』から抜粋加筆した

160

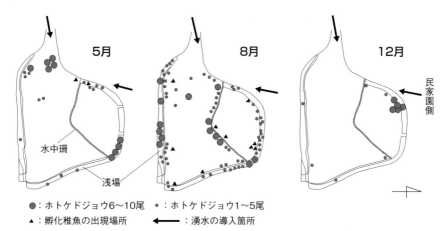

● : ホトケドジョウ6〜10尾　　● : ホトケドジョウ1〜5尾
▲ : 孵化稚魚の出現場所　　← : 湧水の導入箇所

図13-3　生田緑地・大規模復元池におけるホトケドジョウの季節移動

ビオトープ池間やビオトープ池内の移動状況を詳細に把握できたので、今後の保全対策への応用が期待できる（片野・勝呂，2010）。

　また、本復元池のような人工的な水辺ビオトープは、もともと長い年月をかけて自然に形成された河川や湖沼とは異なり、大雨が降れば大量に土砂が流入して形状が変化したり、池岸が時間とともに削られたり崩落したりするので、定期的な泥上げや池全体の補修が不可欠である。安定した生態系を復元するためには、長い時間と多くの人手がかかる。そのため、ビオトープ池を造成し魚を放流した時点では、復元のスタートラインに立ったにすぎないことを認識し、その維持管理について設計段階から十分な検討を行う必要がある。

　都市部では特にアメリカザリガニなどの外来種の侵入による在来種への被害が多く、その対応が求められる。生田緑地でも守る会が調査を行いながら、アナゴ籠によるアメリカザリガニの駆除も行ってきた。加えて、生き物観察会を市民向けのイベントとして年に数回実施し、そのなかで外来種の駆除も同時に行うことで成果を上げている。

13.4　ホトケドジョウの保全から水域生態系の保全へ

　試験場の研究事例から、ホトケドジョウを含めた淡水魚の生息地復元につい

てのソフト面を含めた必要項目は、①生息地復元に適した場所の存在、②遺伝子保存と種苗生産も含め、保全・復元を指導する専門機関の存在、③復元活動を実行・継続する組織と人材の存在、の3項目が重要と考えられる。このうち、特に③の「組織と人材の存在」が、後々の成否を大きく左右する。例えば生田緑地の事例では、行政・市民・専門家が連携し、各セクターに熱意のあるキーパーソンが存在し、その復元活動をリードしていた。淡水魚の生息池復元では、ハードとソフトの両面ともに重要ではあるが、復元池の維持管理体制については特に重視する必要がある。その主体は、地域の一般住民であることが理想である。生田緑地では守る会が中心となり、大学や試験場の人材と協働して保全活動を継続している。その際、大学・試験場の専門的知見や技術的な支援も重要な役割を果たしてきた。そして、水産系や生物系の大学が研究室単位で保全・復元活動に絡むことで、大学側は研究や教育の場として復元池を活用し、また市民団体にとっては人材交流の場として活動メンバーを増やす機会となり、さらに大学の教員や学生から専門的な知識を得るなど、双方にメリットがあることで活動の継続が図られていた。

　以上の淡水魚の生息地復元における三つの必要項目を基礎に置きつつ、これまでの調査研究から、ホトケドジョウの保全・復元におけるハード面の具体的ポイントを次の5項目にまとめた。

　①安定した湧水の導入
　②産卵場や稚魚の育成場となる浅場の造成
　③産卵基質および水面の被覆素材となる水草や水域周辺の陸生植物の存在
　④湧水が入り水深がある越冬場所の造成
　⑤流れや水深などの物理的な環境の多様性の創出

　ホトケドジョウは、昭和40年代までは、あちこちの谷戸に生息していた。戦後、日本は経済性だけを優先し、身近な水辺環境をことごとく破壊してきた。特に都市部では、川は人の生活と切り離され、人々の意識の外に出されてしまった。しかし、最近の環境意識の高まりとともに、少しずつ人々の関心も戻りつつある。今後も湧水環境の代表種であり、絶滅危惧種であるホトケドジョウを保全して、水辺環境の保全・復元を進めていきたい。ホトケドジョウ

が棲める湧水環境を守ることが、周辺の森の保全や復元、そして谷戸から流れ出た川、さらにはそれらの川が注ぐ水を集めた海へとつながる水域生態系を守ることになるのである。

〔勝呂尚之〕

[引用文献]

青山　茂（2000）危機にある加古川水系のホトケジョウ生息地．兵庫陸水生物 **51・52**: 151-152.

細谷和海（1994）ホトケジョウ．「日本の希少な野生生物に関する基礎資料（1）」（水産庁編），日本水産資源保護協会，pp.386-391.

生田緑地ホトケドジョウ保存事業実行委員会（2000）平成11年度生田緑地ホトケドジョウ保存事業報告書．

生田緑地ホトケドジョウ保存事業実行委員会（2001）平成12年度 生田緑地ホトケドジョウ保存事業報告書．

環境省（2019）日本の絶滅のおそれのある野生生物の種のリスト（汽水・淡水魚類）．

片野　修・勝呂尚之（2010）個体識別．「魚類生態学の基礎」（塚本勝巳 編），恒星社厚生閣，pp.132-143.

宮崎淳一・堀田耕平・小林実紗・樋口文夫（2007）絶滅が危惧されるホトケドジョウ類の進化と保護．日本動物学会第78回弘前大会・講演要旨，p.39.

Saka, R., Takehana, Y., Suguro, N. and Sakaizumi, M. (2003) Genetic population structure of *Lefua echigonia* inferred from allozymic and mitochondrial cytochrome b variations. *Ichthyol. Res.* **50**: 301-309.

Sakai, T., Mihara, M., Shitaya, H., Yonekawa, H., Hosoya, K. and Miyazaki, J. (2003) Phylogenetic relationships and intraspecific variations of loaches of genus *Lefua* (Balitoridae, Cypriniformes). *Zool. Sci.* **20**: 501-514.

勝呂尚之（2001）ホトケドジョウのすめる用水路を整備．現代農業 **80**(9): 326-327.

勝呂尚之（2002）ホトケドジョウの初期飼育条件．水産増殖 **50**: 55-62.

勝呂尚之（2005）ホトケドジョウ種苗生産における最適親魚収容数および魚巣設置数．水産増殖 **53**: 83-90.

勝呂尚之・瀬能　宏（2006）神奈川県レッドデータ生物調査報告書脊椎動物編・汽水・淡水魚類．（高桑正敏・勝山輝男・木場英久 編），神奈川県立生命の星・地球博物館，pp.275-288.

第14章

絶滅危惧アメンボ類の保全

14.1　絶滅危惧のアメンボ類

　アメンボは「五十音」（作詞：北原 白秋）や「手のひらを太陽に」（作詞：やなせ たかし）に登場する、明治から昭和の時代の身近な小動物の象徴である。これは、日本が温暖多雨な気象条件にあり、居住地周辺に永続的止水や緩流のあることが、かつての典型的な生活環境だったことを表している。江戸時代にも「水馬」や「跳馬（ちょうま）」など、アメンボには数多くの呼称があり、古くから一般の人々に認識されていた。

　アメンボは昆虫の一群である。アメンボ下目は8科に類別されており、その多くは熱帯に生息する。日本には6科20属の約60種が分布している。このうち、絶滅危惧種として注目すべき種は3科（カタビロアメンボ科20種、アメンボ科26種、イトアメンボ科5種）に網羅される。つまり、日本産アメンボ60種のうち、50種ほどがこの3科で占められ、11種が環境省のレッドリストに、さらに10種以上が地方のレッドリストに含まれている。日本の主要なアメンボ類の42％の種が、昭和末期から平成時代に消されつつある。陸水域のアメンボに限定しても、35％の種で絶滅が危惧されている。一般に日本では、系統群構成種の25％が絶滅の危機にあることと対比すると、アメンボやミズスマシなど水面生活する昆虫類の絶滅危惧種の割合は高い。

　日本の主要4島で絶滅が危惧されるアメンボ類の代表種と生活史を**表14-1**に示す。本州、四国、九州では、各都府県でそれぞれ約3種のアメンボが危機

表 14-1　日本の主要 4 島で絶滅が危惧されるアメンボ類の代表種と生活史

種	絶滅危険度[*1]	必須な植生（産卵基質）	主な生息地	越冬場所	翅型	飛翔活動発期[*2]	越冬態[*2]
エサキアメンボ	A	抽水	止水緩流	抽水植物リター	長翅[*3]	3月 9月	成虫
ババアメンボ	A	抽水	止水	抽水植物リター	微翅 長翅	?	成虫
ハネナシアメンボ	B	浮葉	止水	リター	無翅 長翅	4月～	成虫
オオアメンボ	B	なし（倒木）（浮葉）	止水緩流	樹林地	長翅	9月?	成虫
ヤスマツアメンボ	B	なし（泥）	止水緩流	樹林地	長翅[*3]	7月 4月（秋歩行）	成虫
ヤスマツアメンボ（山地）	B	なし（泥）	止水細流	樹林地	長翅 短翅	8月（9月歩行）	成虫
シマアメンボ	B	なし（礫）	流水（上流〜中流）	石礫	無翅 長翅	8月	卵
ナガレカタビロアメンボ	B	なし（礫）	流水（上流）	石礫またはリター	無翅 長翅	8月	成虫
オヨギカタビロアメンボ	A	流水では抽水（倒木）（礫）	止水（谷地）流水（中流）	石礫倒木	無翅 長翅	8月	卵

[*1]：A は環境省レッドリスト、B は地方版レッドリストへの掲載種であり、ニッチを目安として考慮した
[*2]：本州西部の典型（長翅型出現時期からの予測を含む）
[*3]：飛翔筋発達せず、飛翔しない個体を含む

的な状況である。しかし、その保全活動は神奈川県愛川町（尾山耕地）のイトアメンボの保護について比較的広く知られているにすぎず、各地での対処が憂慮されている。それは、アメンボ類は飛翔能力を備え、人の居住地に近い開放的水面ばかりでなく、自然度の高い閉塞的な水面にも生息できることと関係しているように思われる。実際に、平地の都市部には稀であるが、丘陵地など

では容易に発見できる種もある。

　しかし、水田灌漑水系の開放的な水面や緩流、そして絶えず埋め立てや干拓の開発圧にさらされている平地の大面積のヨシ原を主要な生息場所にする種もある。エサキアメンボやババアメンボはその典型であろう。また、丘陵地や山地の環境改変では、樹林地や草地の消失、並びに林内の小規模な水溜りの消失は見逃されやすい。水田の圃場整備、灌漑用ため池の改修施工や浚渫、樹林地の開発、湿性遷移や埋め立てによる湿地の消失、そして水路や河川の護岸改修、並びに林道整備や砂防工事によって、アメンボ類の生息場所は減少している。

　アメンボは水面に生活する捕食・死体食動物である。栄養的に植物に直接依存しないアメンボにとって必要な要素は、他の節足動物がその水系に発生して摂食できることである。他方で植物、並びに汀線部の土壌や石礫もアメンボの静止場所や産卵基質として重要な要素である。アメンボ類の生活史は生息場所の光周期と温度によって制御され、多くの種が1年に1回から3回ほど発生する。大部分の種が晩秋までに水面から陸域に移動して、翌春まで陸域や抽水植物上で成虫越冬する。アメンボ類の越冬の類型を**図 14-1**に示す。一部の種では成虫が夏眠する。越冬から覚めた個体は活発に配偶行動を行い、第一世代を産出する。この他、九州以北では3種が卵で越冬する。

　日本の陸水に生息するアメンボ約60種のうち、53種には短翅型や無翅型が出現する。長翅型だけの種は7種で、13種では長翅型が出現しない。さらに、長翅型だけの3種では、間接飛翔筋（縦走筋）を発達させない、すなわち、飛べない長翅型個体が確認されており、成虫が常に飛翔できる種は10%程度しかない。各種の個体の翅型は遺伝的に決定される。また、遺伝的に同じでも、幼虫期の環境条件の相違によって成虫が異なる表現型の個体となる可塑性をも備えている。

　アメンボ類の高温に対する耐性は40℃でほぼ限界であり、夏期の舗装路面への着陸は致命的である。離散分布する水面への移動の多くは、有翅型個体の飛翔によるところが大きい。しかし、連続した水面では、短翅（無翅）型個体の移動が長翅型個体の移動よりも一般に高頻度かつ長距離である。

繁殖池内のリター上で成虫越冬：
ナミアメンボ、ハネナシアメンボ
エサキアメンボ、ババアメンボ

繁殖地で卵越冬：
シマアメンボ
オヨギカタビロアメンボ

繁殖池内の石礫間や土層中で成虫越冬：
ヒメアメンボ、イトアメンボ、ナガレカタビロアメンボ

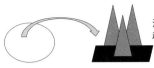
池内に越冬場所なし。近隣の越冬適地のある
池に飛翔移動して越冬：
ナミアメンボ、エサキアメンボ
ヒメアメンボ（越夏）

池外の樹林地林床、土層に飛翔移動して
越冬：オオアメンボ、ヤスマツアメンボ（夏季）

池外の樹林地林床、土層に歩行移動して越冬：
ヤスマツアメンボ（秋季）

図 14-1　アメンボ類の越冬の類型
白は繁殖水域、黒は越冬地

14.2　アメンボ類の保全と生態工学的な配慮

　エサキアメンボ（**図 14-2**）は昭和時代から絶滅が危惧されている代表的な種で、ハネナシアメンボは局所的な減少が近年懸念される種である。和歌山県の京奈和自動車道紀北東道路の建設に伴い、一つのため池が改修施工されることになり、これら2種が同所的に見られる環境（**図 14-3**）の消失が危惧された。該当地のかつらぎ町で2003年に微視的生息場所の構造を調査したところ、40 m × 60 m ほどのため池内にヨシ群落が形成され、その間にはガマ群落となる抽水植物群落が成立していた。夏季（7月）には水面の大半がヒシで被覆された。エサキアメンボの生息エリアは池の西側の2箇所だけであった。その

14.2　アメンボ類の保全と生態工学的な配慮

図 14-2　エサキアメンボ

生息域ではやや密にヨシが生育し、水面の半分ほどがヨシのリターやウキクサ類で被覆されていた（**図 14-4**）。すなわち、静止場所や産卵基質として重要な水面のリター層が一定量存在していた。

これを契機に、紀の川流域の100箇所余りのため池におけるアメンボ類の分布調査が2004年から約10年間行われた。その結果、エサキアメンボが周年見られる池と、夏季のみに見られる池があることが判明した。そして、生息場所で夏季および冬季に突然にエサキアメンボが消失する要因は、人為的な水位変化やため池の補修工事であることも判明した。また、繁殖場所および越冬場所として永続的に機能している池は、わずかに4～5箇所ほどであることが明らかにされた。さらに、生息場所として重要なのは水面の面積や湿地全体の面積ではなく、水上にある植被率が高い抽水植物群落の面積であること、それら抽水植物群落間の距離（同じため池内は除く）が地域のメタ個体群の形成に重要であることが明らかになった。

さらにまた、飛翔移動は9月と3月になされることが強く示唆された。越冬世代の個体は、水面などへの離着陸を繰り返しながら約500 mも移動しており、1回の飛翔で200～350 mを移動可能と推察された。以上のことから、エ

2011年5月の施工前

2016年12月

図14-3　紀北東道路の建設に伴う絶滅危惧アメンボ類の生息するため池の構造、機能と環境の変化
池を二つの水系に分離し、かつての水系を保つ約5分の1のエリアに抽水植物群落の復元を目指している

　サキアメンボの保全においては、越冬場所の創出と抽水植物群落の点在、並びにその水位安定性が極めて重要と考えられる。越冬場所はヨシやマコモの立ち枯れ株の根元とリター層であり、適度に乾燥している場所であった。

　最終的に、かつらぎ町のため池は紀北東道路の施工に伴って、2014年に面積が半減する形で調整池として整備された。ただし、その上流隣接部に300m^2

14.2 アメンボ類の保全と生態工学的な配慮

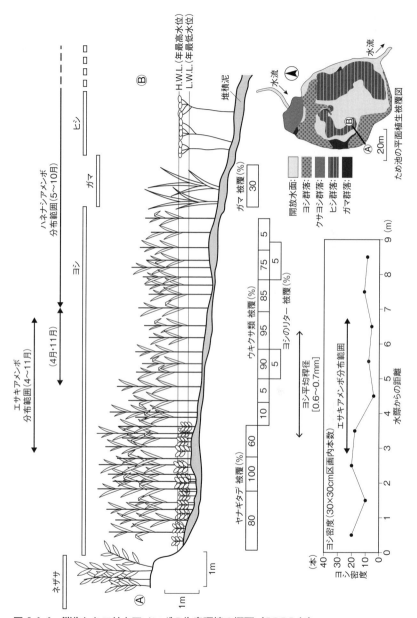

図 14-4 消失したエサキアメンボの生息環境の概要（2003 年）
図の右下に示した「ため池の平面植生被覆図」の Ⓐ－Ⓑ のラインの断面図が上図である。底質、植生、水面被覆、水深の変化と、アメンボ 2 種の生息範囲を示している

ほどの貯水池が設けられ、ヨシ、ガマ、マコモを残した「ビオトープ池」として 2013 年 9 月から 2014 年に新たに創出された（**図 14-3 の下**）。このように小規模であっても、繁殖場所または越冬場所として機能するような湿地を維持する努力を重ねることが、希少アメンボ類の保全の可能性をつなぐことになる。

　ハネナシアメンボは浮葉植物が産卵場所や静止場所として必須で、例えばヒツジグサ、ヒメスイレン、ヒシやジュンサイなどを数 m^2 以上の規模で確保することが目安となる。和歌山市にある和歌山大学では、コンクリートの人工的な池にこれらの浮葉植物を入れて、ガマ、ヤマトミクリなどの風除けの抽水植物をポット植えしたところ、数年にわたりハネナシアメンボが定着した。抽水植物（とその植栽基質）は波や温度変化を抑えるとともに越冬場所として機能し、浮葉植物はジュンサイハムシの幼虫などの餌資源を提供するとともに産卵基質ともなる。

　渓流に棲むシマアメンボとナガレカタビロアメンボは、砂防工事や林道整備のために局地的な消失が著しい。シマアメンボは通常は水面上を下流方向に移動するが、雨上がりには陸上を歩行によって上流方向へ移動するのが知られている。ナガレカタビロアメンボも、同様な移動を行っている可能性が高い。このようなアメンボの生息する河道の工事は、歩行移動を妨げない勾配や素材を用いるのが望ましく、特に 90 cm 以上の段差工は避けるべきである。また、施工中にコンクリート由来のアルカリ性の濁水が生息範囲に混入している場面もしばしば見られる。日本の中流域ではシマアメンボ、ナベブタムシ類、ミズスマシ類が不在となることが多いが、このような配慮不足の結果であろう。

　佐賀県唐津市の松浦川流域では「アザメの瀬」自然再生事業を契機として、事業対象地に隣接するため池とその周辺の止水域 3 箇所でオヨギカタビロアメンボが発見された。ここではその生息に対し、夜間照明による光撹乱と地域住民の体験学習としての「堤返し」（かいぼり）の影響が懸念された。これは、すでに各地で減少していたタガメの個体群存亡に、店舗や道路の照明の増加が影響した可能性が指摘されており、本種の有翅個体も正の走光性を持つためである。幸いにも、地形と堰堤の位置関係から、本種の生息範囲への照明の弊害はないことが確認された。

　一方、この池では伝統的に隔年で 10 月には堤返しが行われ、その際には水

位が下げられる。しかし、この影響もあまりないようであった。すなわち、10月までには休眠卵を産んでおり（中尾，未発表）、翌夏には個体数が回復しているものと推察された。そして、唐津市のため池群では周辺環境や利用状況の変化にもかかわらず、オヨギカタビロアメンボの個体群は存続している。ため池の水抜きや浚渫、堰堤工事の季節とアメンボの周年の生活史との関係の把握が課題であり、それを踏まえたため池の管理が求められる。例えば、本種は堰堤部に生息することはなく、冬期の堰堤改修施工には耐えると思われる。なお、本種の産卵場所は谷池の両岸の穏やかな止水汀線部の石礫部や倒木の凹みであり、越冬期におけるそれらの構造の確保や環境の維持が重要である。

　国営滝野すずらん丘陵公園（札幌市）、および日本自然環境学習センター（和歌山市）の事業予定地では、樹林地の谷斜面に沿った園路にヤスマツアメンボの生息地となっている水域があり、その生息空間である水路や溜まり水などの保全整備を行ってから開園した。ヤスマツアメンボは樹林地に囲まれ、天空率が低い水路の溜まりや緩流に生息する（**図 14-5**）。西日本では一般に 8 月下旬以降に羽化する成虫は飛翔せず、歩行によって林床に移動して越夏および越冬するようである。このため、素掘りや現地調達の石礫、丸太および土嚢袋での水域の整形を実施し、これらのアメンボが水域と林床を歩行移動で行き来できる構造を確保した。また、林内にわずかな窪みを整形することで、小規模であっても一定以上の水深（5 cm 程度以上）の水溜りを設けた。水溜りは繁殖場所として利用され、個体群の維持に貢献すると考えられる。本種の主な産卵場所は湿った土壌であり、陸域の起伏が重要である。その他、樹冠や汀線部の植生や土壌から餌となる動物が供給され、緑陰のある水面環境の確保に配慮すればよい。

　本州、四国、九州の標高 1,000 m 以上に局在するヤスマツアメンボには、より低所に生息する個体群との間に交尾前の生殖隔離機構が存在しており、進化的には別種の可能性が高い。高標高地での工事では、繁殖期を含む雪のない 4 カ月程度が施工期間となるので、生息域外での飼育によって集団を一時的に保護することが望まれる。

図14-5 国営滝野すずらん丘陵公園の夏緑樹林（A）と日本自然環境学習センター内の常緑照葉樹林（B）におけるヤスマツアメンボとサンショウウオ類の生息湿地
Aでは土嚢袋の埋設、Bでは間伐材の杭を使って、踏圧などによる湿地への土砂流入を防止した

14.3　生態工学的技術の普遍化

　ため池改修事業や道路事業におけるアメンボ類の保全について、その生態工学技術のポイントをまとめておく。「生息空間に対するマクロな視点」および

「空間整備におけるミクロな視点」、そして「悪影響を回避するための時間的な視点」を持つことの三つが挙げられ、これはアメンボ類共通である。

14.3.1 生息空間に対するマクロな視点

まず事業対象場所の 5 km 圏内における湿地の分布と、種の分布状況や個体の多寡を季節ごとに把握し、保全対象種の生息場所としての機能と重要度を評価することが肝要である。すなわち、繁殖が行われ、他の場所に個体を供給することができる個体群の生息場所か、他所から個体が供給されて短期的に生息している場所かを把握して、湿地保全の重要度の高低を定めるとともに、具備すべき機能（繁殖、摂食、越冬）を具体化する（**表 14-1**）。短期的に生息していると評価された場合でも、飛び石的な移動経路としての効果を検討すべきである。

湿地と樹林とが隣接した場所は絶滅危惧アメンボ類の減少を回避するための貴重な空間であり、湿地と樹林をセットで保全するべきである（**図 14-1**）。都市域の孤立した緑地であっても、そうした空間はヤスマツアメンボやオオアメンボの生息場所として機能する。例えば、京都市では桂離宮の庭園や府立植物園の樹木園がヤスマツアメンボやオオアメンボの生息場所になっている。また、市街地の公園や庭園にこれらの種が安定的に生息できることは、個体群の一部が飛翔移出せず、湿地と周辺樹林との間を往復するにとどまり、定住していることを示している。

一方、ヨシなどの抽水植物が密生する湿地の創出や復元の機会は多くないため、そうした植生のある場所では、希少アメンボが現存するか否かにかかわらず、可能な限りその維持・保全が求められる。これは飛来移入が低率であっても、数匹の飛来を契機として将来の個体群形成の核となる繁殖場所の可能性があるためである。1990 年以降は毒性が高い化学合成殺虫剤が使用されなくなるとともに、近年の水田面積の減少により急激な水位増減がなくなった流水系では、下水道整備による水質改善も後押しして、わずかに残存していた希少アメンボ類の個体数や生息場所が増加している兆候もうかがえる。絶滅の回避のためには、個体分散を可能とする効果的な水域配置計画とともに、現存湿地や抽水植物と浮葉植物を最大限活用することが重要である。植物群落は長さ

5 m、奥行き 3 m 程度が最低限のパッチとしての目安となるであろう。

14.3.2　空間整備におけるミクロな視点

　希少アメンボ類の絶滅回避では、アメンボが卵を産み付ける産卵基質の確保が必須である。産卵基質は、湿性の植物、抽水植物、浮葉植物、石礫、泥質、倒木など、種によって適否がある（**表 14-1**）。湿った粘土質の土壌は多くのアメンボ類の産卵基質となる。また、抽水植物のリターや水面から突出した倒木も重要な産卵基質であるので、これらの過剰な回収と搬出はすべきではない。抽水植物や浮葉植物は産卵基質としてばかりでなく、静止場所や採餌場所、採食対象となる小動物の発生場所としても重要な要素であり、その有無や植被率などの多寡が定着種を左右する。高木も小動物の供給源であり、緑陰をもたらし、雨滴を凌ぐ点で重要な機能を発揮する。エサキアメンボやババアメンボにおいては抽水植物、ハネナシアメンボにおいては浮葉植物の生育は不可欠である。

　浮葉植物の保全のためには、コイやアメリカザリガニの駆除が必要なこともある。伝統的な手法による堤返しやヨシ刈りは、希少生物と共存できることが示されている。堤返しやヨシ刈りは遷移を引き戻す行為であり、適切な時期に適切な規模で実施することは、生息場所の維持に貢献していると考えられる。

14.3.3　悪影響を回避するための時間的な視点

　各種水域に対する工事の施工時期や期間は重要である。水を落としての湿地管理は、環境ストレスに対する耐性が高い越冬卵または越冬成虫の期間に行うのが望ましい。ただし、越冬中には移動性がないので、事前にその場所を把握しておき、それらに十分に配慮しつつ施工する。その場所そのものへの施工の場合には、生息域外飼育により施工終了後の適切な時期まで集団を維持する。飼育においては、産卵基質や静止場所、採食場所として厚さ 2〜3 mm ほどに切断したポリスチレンフォーム片などを水に浮かべる。食べ残した餌は 1〜2 日で取り除く。冬期施工の場合には 8 月中旬から成虫を捕獲して飼育し、産卵させるなどして次世代を保存する。

　飼育は屋外でも室内でもよいが、温度 20℃ 程度、明期が 11 時間以下となる

ようにする。9月以降の休眠卵や休眠成虫は、乾燥を防いだ状態で家庭用冷蔵庫内に保存すれば翌春まで維持可能である。成虫や幼虫の飼育では、多様な節足動物を与えれば良い。偏食させるとコレステロール不足のために3齢幼虫以降の死亡率が高率になったり、産卵数や孵化率が激減することがあるので注意が必要である。

〔中尾史郎〕

[参考文献]

江種伸之・徳田裕二・中尾史郎（2010）紀の川流域の生息地におけるエサキアメンボのパッチ占有モデルによるメタ個体群存続の予測．環境システム研究論文集 **38**: 43-51.

原田哲夫（2008）アメンボ類の温度と乾燥に対する耐性．「耐性の昆虫学」（田中誠二・小滝豊美・田中一裕 編著），東海大学出版会，pp.172-184.

増田倫士郎・江種伸之・中尾史郎（2013）エサキアメンボの和歌山県紀の川市と京都府精華町における生息場所とその利用．京都府立大学学術報告 生命環境学 **65**: 39-51.

増田倫士郎・中尾史郎（2013）エサキアメンボの季節的な飛翔移動の可能性．昆蟲（ニューシリーズ）**16**: 200-217.

中尾史郎・江種伸之（2007）紀の川周辺におけるエサキアメンボのメタ個体群構造．環境情報科学論文集 **21**: 99-104.

中尾史郎・姫野 平・松本勝正・養父志乃夫・中島敦司・山田宏之（2000）流水におけるシマアメンボの移動傾向と局所集団間の表型的差異．環境工学研究論文集 **37**: 161-171.

中尾史郎・増田倫士郎（2013）同所的に生息するオヨギカタビロアメンボとナガレカタビロアメンボにおける有翅型出現の時期と頻度の比較．南紀生物 **55**(1): 33-39.

中尾史郎・山尾あゆみ（2011）和歌山県北部におけるシマアメンボの周年経過と卵休眠の地理的変異．南紀生物 **53**(1): 59-64.

山尾あゆみ・中尾史郎・中島敦司・山田宏之・養父志乃夫（2002）アメンボ類の生息環境保全を目的とした淡水湿地の環境整備指針．日本造園学会誌ランドスケープ研究 **65**(5): 527-532.

第15章 湿地植物ヒメウキガヤの保全

15.1 はじめに

　希少な植物を保護・保全するにあたっては、これまでに、移植などの保全措置が数多く試みられている。その際に、保全対象となる希少な植物の生活史や繁殖などの生態的特性が不明であったり、移植を行う際に必要となる生態的な情報が不足しているために、適正な保全措置の検討や有効な措置の実施を困難なものにしている例が少なくない。また、希少な植物は、特殊な環境に生育することが多く、個体の移植のみならず、生育環境の整備・維持管理も重要な課題である。

　本章では、道路建設によって消失する湿地に生育していたヒメウキガヤ（神奈川県のレッドリスト：絶滅危惧ⅠB類）に実施された移植による保全について、公表資料（神奈川県，1994；東日本高速道路株式会社，2011；本多ほか，2010）をもとに、生態工学技術の要点をとりまとめた。

15.2　絶滅危惧植物の保全措置の進め方

　本事例における保全措置の調査・実験の手順は、**図 15-1** のようである。
　この事例では、対象とした絶滅危惧植物の生活史と生育環境の把握、移植に伴う危機回避のための避難地への移植、移植候補地の環境調査と移植実験による移植地の決定、移植後の継続的なモニタリング調査による移植効果の検証と

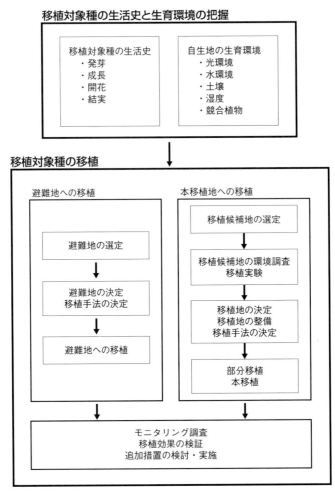

図 15-1　ヒメウキガヤの保全措置の調査・実験の手順

追加措置の検討・実施などが行われていることが特筆される。

15.3　絶滅危惧種ヒメウキガヤの生活史と生育環境

　絶滅危惧植物を保全するためには、生活史や生育環境の把握と解明が必要である。また、移植による保全措置が想定される場合は、移植手法にかかわる知

見を得る必要がある。この事例では、現地における調査と実験室における生育試験から、ヒメウキガヤの生活史と生育環境、移植手法についての具体的な情報・知見を得ていた（仲辻・亀山，2001）。

ヒメウキガヤ（*Glyceria depauperata*）はイネ科ドジョウツナギ属の多年草で、北海道から本州の河川の上～中流域、水路、水田などの水辺や水中に生育する。日本以外では、千島、中国北部に分布する（角野，1994）。現在、北海道、山形、福島、埼玉、千葉、神奈川、兵庫の各県で絶滅危惧種に選定されている（神奈川県植物誌調査会，2001）。絶滅危惧の原因としては、生育地である水路やため池が、開発などによって埋め立てられたり付け替えられたりして、生育地が減少したことなどが指摘されている（横浜植物会，2003）。

15.3.1 生活史

ヒメウキガヤは、2～3月に成長を開始し、3月下旬～5月頃が最も旺盛になる（図15-2）。この時期、稈を横に這わせながら長く伸ばし、盛んに分枝し、節から根をよく発生させる。稈の先端部近くの葉身を水に浮かべて浮葉植物のすがたになることから、ウキガヤの名がつけられている。5月頃に群落の生育面積は最大になる。

4月下旬～7月上旬に開花し（図15-3）、結実する。7～8月頃から葉の緑色が弱まり、部分的に枯れがみられるようになり、ほとんど伸長しなくなる。9～11月には成長が止まり、葉にははっきりと枯れが認められ、生育面積は減少する。この時期、周囲の成長した草本類に被圧されることが多い。その後、11月末頃から周囲の植物が枯れるのに伴い陽光が得られるようになると再び成長を始めるが、気温が低い間はあまり伸長しない。冬期、周囲の草本類が枯れてもヒメウキガヤは枯れずに緑色の葉を維持するため、よく目立つ。1～2月の厳冬期（図15-4）は、水面が凍結し葉が氷中にあっても枯死することはなく、春には成長を始める（図15-2）。ヒメウキガヤの1日当たりの最大伸長量は、初夏に最大となり、冬期に最小となる（図15-5）。

結実した種子は、落下するとすぐに発芽可能な状態になる。室内試験によると種子は土壌中に複数年とどまっても発芽能があり、埋土種子集団（シードバンク）を形成すると考えられる。

第 15 章　湿地植物ヒメウキガヤの保全

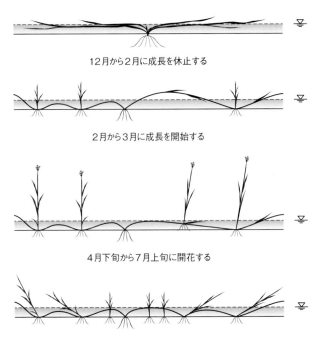

図 15-2　ヒメウキガヤの生活史
出典：仲辻・亀山（2001）

図 15-3　花穂を伸ばすヒメウキガヤ（6 月撮影）

15.3 絶滅危惧種ヒメウキガヤの生活史と生育環境

図 15-4　冬期も緑を保つヒメウキガヤ（1 月撮影）

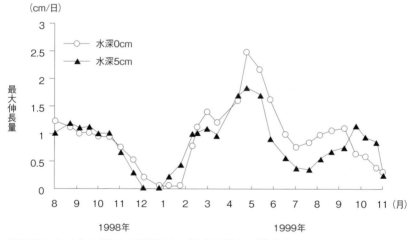

図 15-5　ヒメウキガヤの 1 日当たりの最大伸長量の季節変化
出典：仲辻・亀山（2001）

　ヒメウキガヤは100％に近い光強度のある環境で成長量が大きく、良好な生育状態を示す（図 15-6）。陽光地で良い生育を示すが、セリなどの同様な生育環境を好む植物が侵入すると、被圧されて活力は低下する。生育に適した水深や陽光の得られる環境では、小面積でもよく成長するが、単生状態や小面積の群落では不安定になりやすく永続性に欠けるため、安定した個体群の維持に

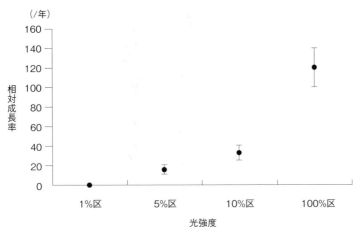

図 15-6　光強度とヒメウキガヤの成長量の関係
出典：仲辻・亀山（2001）

は、一定面積で群落が成立している必要がある。種子や稈が水流で流されて拡散することにより、下流域に生育地が広がることがある。

15.3.2　生育環境

　ヒメウキガヤの生育場所は日照が多い陽光地で、池の水際部であり、水面上に葉を伸ばし、水深のごく浅いところでよく生育する。水温は、春の約10℃前後の時期に活発に成長し、夏には成長が弱まることから、低温の水域が適している。良好な生育を示す土壌はシルト〜粘土質土壌であり、砂・礫のところではあまり良好ではない（東日本高速道路株式会社，2011）。土砂流入等によって土砂を被ると容易に枯死する（東日本高速道路株式会社，2011）。流水環境では水辺近くの流れの緩やかな場所でよく生育するが、水流があるところでは、稈や葉が切れて伸長できなくなる。切れた稈は流れの緩やかなところに漂着して発根し、繁殖することがある。ヒメウキガヤは、水質にはあまり影響を受けないとされる（東日本高速道路株式会社，2011）。

15.4　ヒメウキガヤの移植による保全

15.4.1　移植地の整備

　移植地の整備では、自生地の湿地に類似した環境の再生が必要である。そのため、自生地の湿地の気温、水温、水質、土壌、日照条件などを調査して、それに近い環境を持つ場所を移植地の候補に選定した。また、移植地は、同一の河川に整備されること、自生地の湿地の近くで、元の環境に類似した環境に整備すること、工事に伴う改変を最小限にすること、などを条件として対象地が検討された。その結果、移植地は、自生地の池の約 50 m 上流側に、河川を堰き止める形で、ほぼ同面積の池が整備された（東日本高速道路株式会社，2011）。

　自生地は、移植地の整備後もできるだけ長い期間残すこととし、水生生物等が移植地に移動する時間の確保に配慮した。また、移植地に再生・復元された環境の成否を判定するためのコントロール（対照地）としても利用された（東日本高速道路株式会社，2011）。

15.4.2　移植実験による移植手法の検討

　一般に、絶滅危惧植物の移植は先行事例に乏しいことが多く、ヒメウキガヤについても、移植方法やその成果について報告された文献資料はほとんどみられなかった。

　そのため、移植実施前に、移植を実施するうえで必要となる生態的な知見を得るための移植実験が実施された（東日本高速道路株式会社，2011）。その結果、移植方法としては、種子・シードバンクからの発芽も期待できるが、株分けによる移植が容易で有効であること、株のみを移植する方法と生育株の表土ごと移植する方法はいずれも有効であることなどが確認された（東日本高速道路株式会社，2011）。

　また、移植地へヒメウキガヤの一部を試験的に移植した部分移植の結果では、移植した翌年の春には定着し、良好に生育することが確認された（東日本高速道路株式会社，2011）。

15.4.3 域外保全による系統保存

絶滅危惧種の移植では、実績が乏しいことによる失敗の危機を回避するため、生育域外で増殖して保全する系統保存が必須になる。この事例では、同一県内の厚木市にある神奈川県自然環境保全センター内の湿地を避難地として移植する系統保存が行われた（図 15-7、図 15-8）。

図 15-7　ヒメウキガヤの避難地（神奈川県厚木市）
シカなどによる食害防止のため、柵内で保全している

図 15-8　系統保存されたヒメウキガヤ（7月撮影）

15.4.4　ヒメウキガヤの移植

　移植に先立ち、事前調査や移植実験によって得られた知見をもとに移植手法が決定された。移植手法は移植が容易で効果が認められた株分けによる方法とされた。移植時期は移植地の整備が完了し、環境が安定した時期とした。移植の季節は、ヒメウキガヤが成長を始める前の早春、または、生育の安定する秋とされた。

　植え付けにあたっては、水深 0 ～ 5 cm 程度になるような場所が選ばれ、軟弱で有機質に富む土壌が用いられた。周囲の環境条件にも配慮し、日当たりは確保しつつも夏にあまり水温が上がらないように、高木層に落葉樹が適度に優占する箇所が選択された。ヒメウキガヤは土砂の堆積に弱いため、できるだけ土砂流入の影響を受けにくい場所が選定された。また、生育地の土壌が洗堀されないようにするため、水の流れが強く当たる水衝部を避けるとともに、水中に杭を設置して生育地の土砂の流出を防ぐ措置を行っている（東日本高速道路株式会社，2011）。

　移植後は生育面積を維持し、移植の効果の把握および生育環境の悪化を未然に防ぐため、群落面積（形状）、光環境（相対光量子束密度、照度）、水質・水環境（pH、DO、BOD、SS、流量、堆積土砂量、水深）などを調査項目とするモニタリング調査を、1 カ月に 1 回の頻度で、継続的に実施している（東日本高速道路株式会社，2011）。

15.5　生育状態と生育環境の管理

　一般に、池などの小規模な止水環境は、流入水によって恒常的に土砂が堆積したり、特に台風や大雨時などのときには多量の土砂が流入して、陸地化することがある。事前の調査によって、ヒメウキガヤは水際部の水深のごく浅い場所という限られた環境を生育空間とすることがわかったため、堆積して陸化する土砂は定期的に除去する必要があった。そのため、移植後から年に 1 回の頻度で、人力による堆積土砂の除去作業が行われている（東日本高速道路株式会社，2011）。また、除去が困難な池の中央部の堆積土砂を排出するため、水門を開放することで得られる強い流れを利用した一斉流出（フラッシュ）による

除去も行われている（東日本高速道路株式会社，2011）。

　これらの生育に適した水深を整える作業以外にも、同一環境に競合する草本類の除去、周辺樹林の枝の伸長に伴う水面の日照低下に対する剪定・伐採・枝おろしなどの作業が行われている。夏期に、水中で緑藻類が著しく繁茂したときには、ヒメウキガヤの生育への影響を避けるため、藻類の除去を行っている（東日本高速道路株式会社，2011）。

　維持管理においては、モニタリングの調査結果を順応的に検討し、状況の把握、保全に必要な維持管理項目の抽出・選定、作業内容・時期等の検討、保全作業の実施が行われている（東日本高速道路株式会社，2011）。

　このような保全措置を行った結果、移植後約20年が経過した現在においてもヒメウキガヤは順調に生育しており、現時点では、移植地の造成によるヒメウキガヤの移植は成功したものと考えられる。

　本事例から得られた移植による保全措置の要点は次の通りである。

①事業の初期段階から絶滅危惧種に対する保全措置を検討する。

②対象となる絶滅危惧植物の保全措置に関する情報を収集する。対象種にかかわる情報が不足することも多いため、近縁種や類似する生育環境の種などの情報も参考にする。

③対象となる絶滅危惧植物の生活史や生育環境特性に応じた移植地の選定や生育地の環境整備、移植方法の検討を行う。その際、株の移植以外にも、播種や埋土種子集団の活用も検討する。

④実際の移植においては、失敗の危機を回避する措置が必要である。そのため、移植実験や部分移植などによる段階的な実施、域外保全による系統保存などの措置を検討する。

⑤移植後はモニタリング調査を継続して行い、調査結果をもとに全措置の効果の検証を行って、環境維持管理作業、必要に応じた追加の保全措置などを順応的に実施する。

⑥移植後の維持管理の手法および体制の確立を図る。特に、将来にわたって対象種を保護・保全するためには、事業の関係者だけでなく、地域住民等との協力による生育環境の維持管理が望まれる。

〔春田章博〕

[引用文献]

東日本高速道路株式会社（2011）釜利谷地区における自然環境との調和に向けて～ヒメウキガヤの保全、貴重植物の移植についての中間報告～.

本多　裕・小谷充宏・渡辺陽太（2010）よこかんみなみにおける自然環境保全について．土木学会第 65 回年次学術講演会.

角野康郎（1994）日本水草図鑑．文一総合出版.

神奈川県（1994）高速横浜環状南線〔金沢区釜利谷町～戸塚区汲沢町（横浜市域）〕環境影響評価書．神奈川県.

神奈川県レッドデータブック 2006 WEB 版（2006）ヒメウキガヤ
http://conservation.jp/tanzawa/rdb/rdblists/detail?spc=1391 （2016 年 12 月 25 日取得）

神奈川県植物誌調査会（2001）神奈川県植物誌．神奈川県生命の星・地球博物館.

仲辻周平・亀山　章（2001）絶滅危惧植物．「ミティゲーション―自然環境の保全・復元技術」（森本幸裕・亀山　章 編），ソフトサイエンス社.

横浜市・（株）カーター・アート環境計画（1991）横浜市陸域の生物相・生態系調査、横浜市公害対策局環境管理室.

横浜植物会（2003）横浜の植物．横浜植物会.

第四部

絶滅危惧種の保全の制度と仕組み

第16章

絶滅危惧種保全における
ステークホルダー

16.1　絶滅危惧種の所有者と管理責任者

　「絶滅危惧種は誰のものか」を考えてみよう。基本的に土地に生育する植物は土地と一体と考えられるので、植物は土地所有者のものとなる。一方、民法第239条（無主物の帰属）によると、「野生する動物は、無主物とし、飼育する野生動物も再び野生状態にもどれば、無主物とする」とされている。しかし、民法第239条1項では「所有者のない動産（無主の動産）は、所有の意思をもって占有することによって、その所有権を取得する」となっており、これを「無主物先占」という。例えば、所有する裏山の木（誰でも入れる場所）にクワガタムシがいて、それを土地所有者が自分の占有物と考えている場合は、無主物先占により土地所有者のものとなる。つまり、他人の土地のものは、所有者の意思の確認なく勝手に採ってはいけない。

　一方、例えばその裏山の木に天然記念物の鳥が営巣していた場合は、無主物先占で所有権は主張できたとしても、それを土地所有者が勝手に触ったり改変したり影響を与えることは文化財保護法に抵触する。絶滅危惧種や狩猟の対象となる動物では、その種が何らかの法律や条令で指定されているか、その土地が指定されている地域である場合、土地所有者であっても、その法律・条令に従う義務がある。

　日本の法律では、上記のように野生動植物の所有権について無主物先占が規定されているが、野生動植物の改変・移動・利用については、様々な法律・条

令により制限されており、勝手に扱ってよいものではない。特に土地所有者には、一定の権利と義務がある。

16.2　絶滅危惧種の保全にかかわるステークホルダー

「ステークホルダー（steakholder）」は、日本語では「利害関係者」と訳され、経済用語として 1980 年代頃から用いられるようになった。この用語は、企業の事業活動により何らかの利益や不利益を被る個人・法人のことで、企業のガバナンスやマネジメントに活かす概念として扱われ、その利害は主に金銭的なものとして把握されてきた。事業者は、事業実施によって利益・不利益が生じるステークホルダーを適切に把握し、特に不利益が発生する場合には補償など適切な対策を講じることを検討し、ステークホルダーと合意形成を図ることで社会的責任を果すことが求められる。地域社会や市場においては、事業者の対応の良し悪しが社会的な信用・評価にも影響するので、ステークホルダーとの相互理解を図り合意形成を実現することが重要である。

1992 年の生物多様性条約の採択以降、自然再生事業など様々な生物多様性にかかわる事業が実施され、その多くに絶滅危惧種の保全の取り組みが含まれている。これらの事業に対する広義の利害関係者をステークホルダーとして意識することが事業の成功につながることから、ステークホルダーという本来経済学の用語が、自然保護や環境保全の分野でも用いられるようになった。

現在、絶滅危惧種の取り組みを含む生物多様性にかかわる事業は、道路などのインフラの整備や民間の開発事業において法や条令による環境アセスメントを実施する「開発事業タイプ」と、絶滅危惧種や生物多様性保全を地域づくりに活かす「地域づくりタイプ」がある。これらの事業実施においては、その一部が絶滅危惧種の保全に直接的な利害のある開発事業者や地権者などの直接的ステークホルダーがおり、また、その他のステークホルダーとして、絶滅危惧種が生育・生息する優れた自然・景観を有する自然公園等の保全活動や研究活動を行っている組織など、事業実施で間接的な利害を受ける可能性がある間接的ステークホルダーがいる。

絶滅危惧種の保全の取り組みを含む事業におけるステークホルダーについ

16.2 絶滅危惧種の保全にかかわるステークホルダー

表 16-1 絶滅危惧種の保全の取り組みを含む事業におけるステークホルダーの一覧

事業のタイプ	直接的ステークホルダーの例	間接的ステークホルダーの例	利害の内容
開発事業 (法・条令アセス実施) ・インフラの整備事業 ・民間開発事業	許認可権者 ・国、自治体 開発事業者、地権者 ・国、自治体 ・個人 ・企業 ・その他の法人・組合等	地域社会 ・自治体、公益法人等 ・地域住民、自治会等 ・地域環境保全市民団体 ・地域環境 NGO・NPO ・地域の教育機関 ・地域の研究者・機関	・土地売買 ・開発事業実施 ・現状変更 ・自然環境保全 ・生活環境保全 ・地域振興 ・普及・啓発
地域づくり関連事業 ・自然公園関連保全事業 ・天然記念物保全事業 ・種の保存法関連保全事業 ・世界自然・文化遺産保全 ・世界農業遺産保全 ・ジオパーク （世界、日本） ・ラムサール条約登録湿地保全事業 ・ユネスコエコパーク ・自然再生事業 ・生物多様性地域戦略策定 ・エコツーリズム事業 ・エコロード事業 ・多自然川づくり ・グリーンインフラの整備 など	許認可権者 ・国の機関 ・自治体 ・国際機関（ユネスコなど国連機関、条約事務局など） 事業者、地権者 ・国、自治体 ・個人 ・企業 ・その他の法人、組合等	・商工会議所 ・青年会議所 ・農業関連組合 ・林業関連組合 ・漁業関連組合 ・観光協会 ・その他関連業界団体 来訪者 ・観光客 ・登山者 ・自然愛好家 ・その他アウトドアスポーツ愛好家 全国、世界 ・国の機関、公益法人等 ・国際機関 ・国際的環境 NGO （IUCN、WWF など） ・全国的環境 NGO・NPO ・大学等研究機関 犯罪者 ・盗掘者、違法捕獲者	・教育・研究 ・歩行路、登山道、フィールドの過剰利用 ・ロードキル ・盗掘 ・違法捕獲

て、表16-1に事業のタイプ別に、直接的、間接的ステークホルダーの例とその利害の内容を整理した。地域づくり関連事業には、近年、国立公園等の自然公園における保全事業をはじめ、多様な事業が盛んに実施されるようになった。種の保存法における保全事業、文化財保護法における天然記念物の保全事業、世界文化遺産・世界農業遺産、ジオパーク（世界・日本）、ラムサール条約登録湿地、ユネスコエコパーク、自然再生事業、生物多様性地域戦略の策定、エコツーリズム、エコロード事業、多自然川づくり、グリーンインフラの整備などがあり、多様な事業が盛んに行われるようになった。これらの事業には、多様なステークホルダーが存在しており、その利害の質・内容や関係性も多様であり、事業実施を最適化するためにステークホルダーとの合意形成が重要視される。

16.3　ステークホルダーとの合意形成の進め方

16.3.1　絶滅危惧種をめぐる対立・紛争

　最も基本的、直接的な対立・紛争は、開発事業者や開発を望む土地所有者と保護を訴える地域住民との対立・紛争である。また、その開発がインフラの整備や防災、農地改良などの公共事業である場合も多い。これらの場合は、許認可を行う国や自治体が利害調整の場を用意して、法律や条令に基づいて合意形成が行われる。

　近年は土地所有者、不在地主等による山林・里山・農地・草地等の放棄・放置により、絶滅危惧種の生育・生息環境が失われる事例も多くなっている。この場合、土地所有者は、起こっている絶滅危惧種の減少・消滅を認識していない場合が多く、対話のテーブルに着くことが困難な場合が多い。例えばツシマヤマネコの保全の取り組みでは、対馬の伝統的な里山管理である「木庭作」（対馬に伝わる焼き畑農業）が途絶えてしまったため、ヤマネコの餌場環境が悪化したことが減少の一因と考えられているが、この責任を農家のみに帰することはできない。これらに対処するには、国、自治体、地域社会が協働で行うことが必要となる。また、地域社会による普及・啓発が重要な場合もある。

　登山者の登山道からのはみ出しによる植生の荒廃は、登山者のマナーの問題

でもある。沖縄本島北部のヤンバルの森周辺道路でのヤンバルクイナのロードキルは、自動車が夕方に時速 40 km 以上の速度で走行すると起こる確率が高くなる。これはドライバーのマナーの問題でもある。

16.3.2 利害調整の目的

表 16-1 に示す「開発事業」で、法律・条令による環境アセスメントが実施される場合に、ステークホルダーとの利害調整は、環境アセスメントの手続きの中に住民説明会や準備書等の縦覧による意見提出として、その場が用意されている。環境アセスメントの目的は、開発事業実施における環境保全の取り組みの最適化であり、開発を前提として条例や法律により許容される範囲で現状変更と保全の措置が講じられる。したがって、そこに生育・生息する絶滅危惧種の保全そのものを目的とした事業とは異なり、開発事業者の開発する立場と環境を保全する地域住民等の立場の両方の利害に配慮した調整結果となる。

一方、近年多く事業化されている「地域づくり関連事業」では、絶滅危惧種が保全されることを前提としつつ、そのほとんどの事業で「地域振興」、「持続可能な地域づくり」を中軸として事業が進められている。絶滅危惧種保全を第一義の目的とする種の保存法や文化財保護法（天然記念物の保護）に基づく事業、例えば長崎県対馬のツシマヤマネコの保護・増殖事業であっても、地域個体群の保護・増殖を目的としつつ、事業の大きな柱として、これらの保全を地域振興に活かす計画としている。

多くの「地域づくり関連事業」では、事業地域の自然環境の特性の指標である絶滅危惧種を保全することで、地域の歴史と文化を育んできた地域の自然環境の特性および生態系サービスを適切に保全・活用し、それにより新しい価値を創造し、地域の一次産業や観光産業等を振興することを目指している。これにより、地域振興が実現すれば絶滅危惧種の保全の財源と人材も確保・育成されるという考え方である。そのためには、多様なステークホルダーの共通価値を見出して、合意形成を実現することが必要となる。

16.3.3 合意形成のためのプラットフォーム

「地域づくり関連事業」では、多くの事業で合意形成のためのプラット

フォーム（場づくり）として、関連するステークホルダーをできる限り多く召集し、継続的に開催する「協議会方式」を導入している事例が多い。環境省が国立公園で行っている自然再生事業では、定期的、継続的、発展的に「自然再生協議会」を開催している。これらの事業における協議会では、大勢のステークホルダーが参画することになり、議論する内容も絶滅危惧種の保全だけではなく、観光振興や産業振興など多岐にわたる場合が多い。この場合、全体会議を設け、そのほかにテーマ別に分科会を設置して個別会議を開催することが望ましく、その一つに絶滅危惧種保全（生物多様性保全）の分科会を設置している事例が多い。これらの会議を通じて、ステークホルダー間の合意形成を図り、具体的なアクションプランと利害の調整を図り、事業を最適化している成功事例が増えている。

　協議会は**表 16-2**の手順で進めることが望ましい。また、①〜⑦を1年単位で回していくサイクルと考え、事業規模や参加人員を実情に合わせて増減させながら、PDCAサイクルのように常にこのサイクルを継続することで事業が最適化され、絶滅危惧種保全と地域振興の両立が実現できると考えられる。

表 16-2　協議会の運営手順

実施項目	実施内容
①インベントリの整理	これまでの調査・研究・取り組み事例のデータベース化と課題の整理
②キーマンの抽出	インベントリからこれまでの取り組みで中核となっている人物・組織を抽出する
③ヒアリングの実施	キーマンに取り組みの経緯と課題、協議会に召集すべき人物・組織を聞く
④ストーリーの検討	協議会で共有すべき事業の着地点と共有すべき価値観の柱を立て、ストーリーと分科会案を検討
⑤メンバーの検討	協議会・分科会に召集する人物、組織を選定する。必要に応じて参加者を公募する
⑥協議の実施	協議会・分科会を開催する
⑦計画の策定	絶滅危惧種保全計画や普及啓発、観光振興のエコツアーなど具体的なアクションプランを取りまとめる

16.3.4　合意形成と事業実施の要点

合意形成と事業実施のプロセスで重要な点は以下の通りである。

①利害の可視化

　事業実施において失われるもの、得られるものを可能な限り可視化する。計画・仕様等の地図化・数値化・図表化・映像化（写真・動画）などで具体的に示すことが効果的である。

②根拠の明示

　上記の科学的な根拠を論文・技術資料などで示すことが必要である。根拠が間違っていれば、生息環境の喪失、地域個体群の絶滅など取り返しのつかない過ちを犯す危険があるため、引用している資料ではなく、根拠を明確に示している原著などの情報収集が必要とされる。

③地域の研究者による分布情報の活用とその保全

　絶滅危惧種の分布情報とその変遷については、文化財保護法や種の保存法、希少野生動植物保護条例などの一部の指定種を除き、多くの種は行政の取り組みとしてその実態が十分に把握されている場合は少ない。一部の種では地域の研究者の長年の調査・研究活動で把握されている場合があり、その情報の活用が必要不可欠である。地域の研究者は、保全のための最も重要なステークホルダーであり、保全事業への協力・参画の実現が必要不可欠となる。また、地域の研究者の高齢化が進んでいることから、その情報の保全と継承が重要な課題となっている。

④理解の共有

　利害の内容と根拠について共通の理解を得ることが、合意形成の重要な要点となる。ここで見解の相違がある場合、事業の中止や延期など、過ちを犯さないために、あえて合意形成を行わないことも必要である。

⑤絶滅危惧種保全と地域づくりのアクションプランの検討

　アクションプランの検討にあたっては、多くの人に絶滅危惧種を含む地域の自然、歴史、文化の魅力・保全の意義を普及・啓発することができ、観光振興・物産の販売促進などで経済効果も期待できる計画とすることが望ましい。種の保存法、文化財保護法、希少野生動植物保護条例等で国や自治体が行う事業だけでは必要最小限の事業化しかできない場合が多い。地域社会が

協働して絶滅危惧種保全を地域づくりに活かす取り組みを行うことで、地域社会において様々なステークホルダーがかかわる保全を含む事業の財源確保と人材の育成が可能となる。また、マンネリ化や一時的なブームで終わらないよう、ステークホルダーによる地域協議会を何らかの形で継続させて、取り組みの深化や新しい価値の創造に努めることも重要である。

〔逸見一郎〕

[引用文献]

環境省自然環境局国立公園課監修（2018）四訂 自然公園実務必携．中央法規出版，1723pp．
（財）日本自然保護協会 編集（2010）改訂 生態学からみた野生生物の保護と法律．講談社，278pp．

第17章 絶滅危惧種保全の社会的条件

17.1 はじめに

　第三部では、絶滅危惧種の保全事業において、各分類群で固有の生態や生活史特性などに重点を置いた事業の事例を基に、生態工学的な事業プロセスのあり方やポイントについて整理することができた。一方で、実際の現場でその技術を発揮させるためには、実社会での問題解決が求められることとなり、地域の理解や協力を得て進めることなど、社会や経済が環境と統合的に向上していく方向性が不可欠となる。社会や経済との統合に向けた方向性を欠いた保全事業は地域の理解を得られず、その結果、継続性に欠け、地域の自然に対し負の影響を及ぼすことも多い。

　本章では、保全を進めるうえで必要な社会や経済への配慮と、それを考えるうえで有効な4階層思考モデル、および4階層思考モデルを用いた事例を紹介する。

17.2　絶滅危惧種の保全を進めるうえで必要な社会・経済への配慮

17.2.1　鍵となる人と自然のかかわり方

　一般に、絶滅危惧種の保全は対象種の生態的・生物学的な側面が注目されやすいが、絶滅危惧種の分類群を問わず人と自然のかかわりを含めてとらえる必要があり、社会や経済が環境と統合的に向上していく方向性が求められる。

絶滅危惧種の保全は、人と自然のかかわり方が大きな鍵となる。1980年に、国際自然保護連合（IUCN）や国連環境計画（UNEP）から世界保全戦略が提案されて以来、持続可能な開発が求められてきた（IUCN and WWF, 1980）。持続可能な開発とは、将来の世代の欲求を満たしつつ、現在の世代の欲求も満足させるような開発であり、限りある資源の範囲内で人々が健康で文化的な生活をすることである。これは、自然が再生する力やそのスピードを考慮しながら、人が利用する規模や速さを管理し、資源を使い切らないよう配慮するものである。海や森の資源に頼らなければ人間も生きられない以上、これらの自然の恵みを上手に利用していくという発想が欠かせない。

17.2.2　4階層思考モデルとは

社会や経済への配慮を考えるにあたっては、絶滅危惧種といった表面的な事象にのみ焦点を当てているだけでは解決策は見いだせず、その事象を生じさせている社会に対する深い洞察が必要である。社会に対する洞察を進める方法としては、複雑な社会問題を階層ごとに検討し、それらの階層間の関連性を分析することによって、正しい問いかけを行うことができるシステム思考がある。そのなかでも、4階層思考モデルがよく知られている（**図17-1**；WWFジャパン，2016）。このモデルは、目に見える表面化した事象が、目に見えないパ

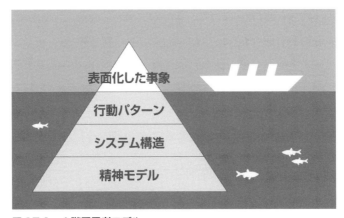

図17-1　4階層思考モデル
ⓒ WWFジャパン（2016）

ターンや構造、精神によってどのように影響を受けるかについて、整理することを目的としたものであり、複雑な問題の根本的な原因とシステムの基本的な構造や流れなどを突き止める場合に有効とされている。

このモデルにおいて、表面化した事象である第1階層の事象は、システム内部の氷山の一角とも言える現象である。表面化した事象は実感できたり、目に見えたりするような直接的なものであるため、ほとんどの政策論議や問題解決の対策はこのレベルで行われる。絶滅危惧種の減少は、この場合、表面化した事象と言える。しかし、表面化した事象で対処できるのは問題の原因ではなく、症状のみである。表面化した事象の根源的な要因が社会経済システムの奥深くにある場合は、第1階層での対応で仮に症状が改善できても、また別の時点で、別の場所で、再び問題が持ち上がってくることになる。4階層思考をある症状に適用すると、こうした「氷山の一角」に対する解決策が、長期的な効果を発揮し得ない理由が理解できる。

それに対して第2階層は、表面化した事象にかかわる人々の行動をまとめたものに当たり、大きな行動パターンが認識できるようになる。スーパーでの買物を例にとると、まず個人による商品の選択が一つ目の「表面化した事象」となる。そして、買い物をする多くの人たちによる事象、つまり多くの「商品の選択」の事例をまとめ、時系列で並べてみると、スーパー全体における買い物をする人による商品の選択が、より大きな行動パターンとして認識できるようになる。

第3階層では、第1、第2階層の事象やパターンの土台にある、様々なシステム構造が明らかになる。政治的、社会的、経済的そして生物学的および物理学的なシステムで社会は駆動しているととらえ、システム内の各要素の働きに対し相互作用や制約が生じる構造を考えるものである。表面化した事象と様々なシステム内の各要素との間の関係性を、正しく理解し始めることができるのは、この第3階層からである。こうした関係に制約を設けるシステム構造として、行政、農業、都市開発、経済などのモデルが挙げられる。

最後に、階層思考モデルの最も深い部分の第4階層は、私たちが個人的に持つ信条や価値観からなる個人や組織、あるいは共同体社会の精神モデルである。精神モデルは文化によって違いがあり、意思決定に際して考慮されること

はめったにない。しかし、より多くの生産を行いキャリアを築きたい場合、地域を活性化させるためにはもっと開発が必要だ、自然だけを保護していても地元が衰退していくだけだ、などといった精神モデルが、この階層よりも上のすべての階層に相当な影響を与える。精神モデルは行動を律するシステムの構造、ガイドライン、動機づけに影響を与え、最終的には日常の生活を満たす一つ一つの事象を左右することになる。

17.3 4階層思考モデルを用いた事例の紹介
―島嶼地域における絶滅危惧種アオサンゴの保全

17.3.1 原因究明と整理

ここでは、前述の4階層思考モデルを用いて根本的な原因を突き止めた流れと、それを活かした絶滅危惧種保全の事例として、島嶼地域における絶滅危惧種アオサンゴ群集の保全を紹介する。

アオサンゴ（*Heliopora coerulea*）は、国際自然保護連合（IUCN）のレッドリストで危急種（VU：環境省レッドリストでは絶滅危惧II類）に指定されている。本事例では、大規模なアオサンゴ群集が存在し、造礁サンゴ類を代表する多様なサンゴ礁生態系の保全において、根本的な原因や流れを把握したうえで、どのような保全方法を実施したかについて大きな流れを示す。

本事例の現場は、大規模なアオサンゴ群集が存在している。また、多様な造礁サンゴ類をはじめとする多様なサンゴ礁生態系（**図 17-2**）は、慢性化する環境悪化などにより、かなり大きなダメージを受けていた（WWFジャパン，2010）。まず、4階層思考モデルに照らし合わせながら、保全活動の実施までを整理する。

第1階層の表面化した事象は、氷山の一角とも言える現象のことであり、この場合、サンゴ礁生態系の劣化である。

次に第2階層は表面化した事象にかかわる行動をまとめたものに当たり、大きなパターンが認識できるものとされている。ここでは、降雨、潮汐、波浪により海が濁ることが多くなってきていたことが相当する。一般的に、第2階層が把握された段階で科学的な調査が進み、ある現象によって劣化につながるこ

17.3　4階層思考モデルを用いた事例の紹介

図 17-2　サンゴ礁生態系の様子
ⓒ WWF ジャパン

とがわかってくることが多い。本事例の場合、上記の理由により海底に陸起源の物質が堆積、および富栄養化することが、サンゴ礁生態系の劣化につながることが科学的にわかってきていた。

　第3階層は、第1、第2階層の事象やパターンの土台にある、様々なシステム構造が明らかになる段階である。降雨による濁りは、南西諸島特有の粒度の細かい赤土が、河川を通じて海へ流れ込んでいるからということが明らかになった。また、潮汐、波浪による濁りは、降雨時などに海底に堆積した赤土が干満および波浪によって巻き上げられて起こることが明らかになった。赤土はジャーガルや国頭マージなどといった、琉球列島の島々に見られる粒子の細かい赤茶色の土の総称である。沖縄では亜熱帯特有の強い雨が降るたびに、これらの赤土が地表から流れ出し、水路や川を伝って海へと流れ込む。また、降雨による赤土の流出が多くなっている主な原因として、開発工事や開墾によって土壌を支える森が失われた結果、緑被面積が低下していることが挙げられた。かつてはこの地域で水田や耕起の少ないイモ類などの栽培が主流であったが、近年は開発工事やサトウキビ栽培の拡大、土地改良事業などによって赤土が海域に大量に流出するようになり、サンゴ礁など河川や沿岸生態系に対する負荷が問題視されることとなった。

　最も深い部分にある第4階層は精神モデルについてであり、地域住民や農業者の意向が含まれている。地域住民のなかには、地域を活性化させるためにはもっと開発が必要と考える方もおり、開発が進み緑被面積が減っていた。ま

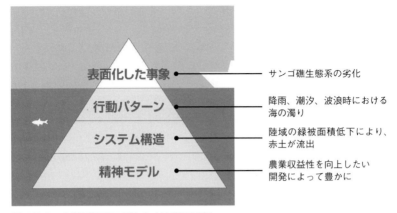

図 17-3　4 階層思考モデルと本事例の関係

た、地域の農業者の多くは南西諸島に多く存在する急傾斜地で農業を進めていたが、収益性を見込んだ農地とすることが難しく、収益をより上げたいと考えていた。そこで新たな作物であるサトウキビ等の栽培に乗り出し、農地を拡大し収益を上げたいと考えていた。

　以上が、本事例を 4 階層思考モデルと照らし合わせて原因を整理した流れである（**図 17-3**）。その結果、直接的な原因を陸域の緑被面積低下ととらえ、保全活動を進めることとした。

17.3.2　具体的な保全対策

　ここからは、4 階層思考モデルを用いて整理した原因に対して、具体的な対策を紹介する。本事例では、農業や自然保護の関係者だけではなく、地域によって河口や湾が赤土などで埋まり、漁業関係者、カヌーツアーなどを行う地元観光業も被害を受けていることがわかっていた。また、農業関係者は作物の品質を維持・向上するため、降雨時に流出しやすくなることはわかりつつも、赤土の鋤き込みや肥料を赤土に混ぜ込む耕耘を繰り返し実施していた。

　そのため、農作物の生産・品質を保ちながら赤土流出を最小限に抑え、沖縄経済の柱の一つである貴重な観光資源のアオサンゴをはじめとしたサンゴ礁生態系の保全型の農業が求められていた。これを受けて、手間のかからない作付

17.4 持続可能性の浸透のために

図17-4 赤土流出対策のための畑周囲への植栽の様子
ⓒWWFジャパン

け品目による二毛作の導入や、鋤き込み後の植え付けまでの裸地に、クロタラリアなどマメ科植物を播種することによるマルチング効果や、農家の協力を得て畑周囲への一定幅を持たせた植栽（**図17-4**）を行うことにより、表土流出の緩衝帯となる緑被面積を確保するといった赤土流出対策を進めることとした（環境省自然環境局・WWFジャパン，2016）。

　畑周囲への植栽は、生育の早いベチバーと呼ばれる外来イネ科植物が一般に多く用いられているなかで、地元の伝統工芸品などの素材となる在来植物ゲットウ（月桃）の苗を植栽するなど、地元の産業にも波及する赤土流出対策を実施している事例もある（環境省自然環境局・WWFジャパン，2016）。近年では、ゲットウの植栽が農業者の収益性に配慮して進んでおり、強い芳香性を持つゲットウの特色を生かして、畑周囲の植栽帯のゲットウを用いた芳香剤などの商品開発など新しいビジネスモデルとしても進められている。

17.4　持続可能性の浸透のために

　今回紹介した事例では、絶滅危惧種という表面化した事象に対し、第1階層のみならず第2〜4階層も深くかかわっていた。第2〜4階層に明確な変化を

第17章 絶滅危惧種保全の社会的条件

起こすことが今後の課題である。そのためには、環境、社会、生態系の劣化につながる意思決定のしくみを理解し、自然環境の事象だけではなく経済的、社会的側面にも持続可能性を浸透させていくことが求められている。

〔並木　崇〕

[引用文献]

IUCN and WWF（1980）World Conservation Strategy.
環境省自然環境局・WWF ジャパン（2016）サンゴ礁を保全する地域コミュニティ〜陸域とサンゴ礁のつながりの視点から進められた8つの取組事例とその考察〜，pp.10-11.
WWF（2016）Living Planet Report 2016 — Risk and resilience in a New Era，pp.88-91.
WWF ジャパン（2010）Nansei Islands Biological Diversity Evaluation Project Report，81pp.

絶滅危惧種保全のための法制度

　絶滅危惧種保全において基幹となる法律は、「絶滅のおそれのある野生動植物の種の保存に関する法律」（以下「種の保存法」という）である。この法律の成立は1992（平成4）年であり、自然環境関連の法制度のなかでは、近年になって比較的新しくできた法律である。

　「種の保存法」以前にも、鳥獣の保護や優れた自然景観・生態系の保全などを目的として、特定の種（群）の個体の捕獲や生息地の開発行為を規制する法制度は整備されており、種の絶滅を防ぐ取り組みも行われていた。しかしながら、種の保存法の成立により、野生生物の種に着目した法制度が整備されたことは、絶滅危惧種保全という観点では、わが国の自然環境行政の歴史にとっても大きな転換点であったと言える。

　本章では、種の保存法の成立までの歴史に簡単にふれつつ、同法を中心とした現在の絶滅危惧種保全をめぐる法体系全体を概括し、最近の改正の動きを紹介しながら、絶滅危惧種保全において法制度が果たす役割と課題について述べる。

18.1　種の保存法の制定まで

　近代法制度が整備されることとなった明治維新以降、わが国の野生生物保護にかかる法制度は、狩猟の管理に主眼を置いた1873（明治6）年の鳥獣猟規則に端を発する。北海道においてエゾシカやツルなどが順次禁猟とされていった

第18章 絶滅危惧種保全のための法制度

が、狩猟を禁止する鳥獣（保護鳥獣）が鳥獣猟規則に明文化されたのは、1892（明治25）年になってのことである。その後、1895（明治28）年には「狩猟法」が法律として整備され、1918（大正7）年には同法の大きな枠組みが改正された。その改正によって、それまでは保護鳥獣を指定しそれ以外の鳥獣は狩猟可としていたものを、逆に狩猟鳥獣を指定しそれ以外の鳥獣を保護して禁猟とすることとなり、現在の「鳥獣保護管理法」の基礎がつくられた。

1919（大正8）年には「史蹟名勝天然紀念物保存法」（現在の「文化財保護法」の前身）が制定されている。これは人為の影響を受けていない天然の自然物を文化的価値の観点から記念物として保存することを目的としたものであり、資源としての野生鳥獣の個体群の減少を防止することを目的とした狩猟法とは明らかに異なるものであった。

これらの法制度が整備されるまでの間に、タンチョウやトキ、アホウドリなど、多くの種が乱獲等により絶滅のおそれに瀕してきていた。このため、こうした法制度が整備されることにより希少な野生鳥獣の捕獲等が禁止されるとともに、特に第二次世界大戦以降は、給餌などの保護事業や保護区の設置等により、希少な野生鳥獣保護のための対策が講じられてきている。また、1963（昭和38）年には狩猟法が「鳥獣保護及狩猟ニ関スル法律」（通称「鳥獣保護法」）に改められ、狩猟法は鳥獣保護の側面が前面に押し出されるようになった。

絶滅のおそれのある種に着目し、当該種を保護する法制度がわが国で最初に整備されたのは、1972（昭和47）年に制定された「特殊鳥類の譲渡等の規制に関する法律」（通称「特殊鳥類法」）である。これは、同年に「渡り鳥及び絶滅のおそれのある鳥類並びにその環境の保護に関する日本国政府とアメリカ合衆国政府との間の条約」（通称「日米渡り鳥条約」）が調印され、絶滅のおそれのある鳥類を互いに通報し合い輸出入規制を行うこととなったため、それを担保する必要が生じて、絶滅のおそれのある鳥類種の国内流通に規制をかける国内法を新たに整備したものである。

さらに、1980（昭和55）年にわが国は「絶滅のおそれのある野生動植物種の国際取引に関する条約」（通称「ワシントン条約」）を批准し、絶滅のおそれのある種の保存に対する取り組みは、さらに一歩前進することとなった。ワシントン条約批准後、貿易関係法令により対象種の国際取引（輸出入）のみを規

制していたが、実際には違法に国内に持ち込まれる事例が生じており、国内取引規制がないことが国際取引にも影響を及ぼすとして国際的にも問題視されるようになっていった。このため、1987（昭和62）年に「絶滅のおそれのある野生動植物の譲渡の規制等に関する法律」を制定し、ワシントン条約対象種についての国内取引規制も開始された。

18.2　種の保存法の成立

　こうした流れのなかで、野生生物保護の法体系も、従来の鳥獣保護法を中心とした制度を超えて、野生動植物種の保存に着目した施策が求められるようになっていった。当時の環境庁の組織も再編が行われ、1986（昭和61）年にそれまでの鳥獣保護課が野生生物課となった。また、レッドデータブックの作成に着手し、1991（平成3）年には政府による日本版レッドデータブックが初めて刊行されている。さらに、ワシントン条約締約国会議をわが国で1992（平成4）年に開催することが決まり、同年開催の「環境と開発に関する国連会議」（通称「地球サミット」）に向けて「生物の多様性に関する条約」採択の動きが加速化した。

　このため、1992（平成4）年には、その前年に諮問された「野生生物に関し緊急に講ずべき保護方策について」に関して、自然環境保全審議会野生生物部会から答申が行われた。この答申の主なポイントは、①生態系から遺伝子まで様々なレベルで生物多様性保全を図る必要があるが、基本単位である「種」の保護の観点で対策を進めることが特に重要、②種の保護は、捕獲・譲渡規制等の個体保護ととともに生息地保護を一体的に進めるべき、③生息環境改善・人工増殖などの保護増殖事業を進めることも検討すべき、といったものである。

　そのような考え方を踏まえ、国内・国際希少種の指定、それらの捕獲・譲渡規制および生息地等保護区の指定、並びに指定種の保護増殖事業計画の策定と事業の実施などが盛り込まれた法案が国会に提出され、同年5月に成立、同年6月5日（環境の日）に正式名称「絶滅のおそれのある野生動植物種の保存に関する法律」、通称「種の保存法」が公布されることとなった。

18.3　種の保存法の概要

種の保存法の概要を図18-1に示す。この法律では、政府が種の保存の「基本方針」を定め、それに基づき国内または国外の（国際的な）「希少野生動植物種」をそれぞれ指定し、①捕獲や譲渡、販売陳列、輸出入などの規制をかけて個体を保護するとともに、②国内に生息する種については生息地等保護区を指定することにより生息地等での各種行為に規制をかけて生息・生育地を保全し、さらに、③保護増殖事業の計画を立てて政府、自治体、民間が保護事業を実施することにより、絶滅のおそれのある野生動植物種の保存を図る枠組みとなっている。

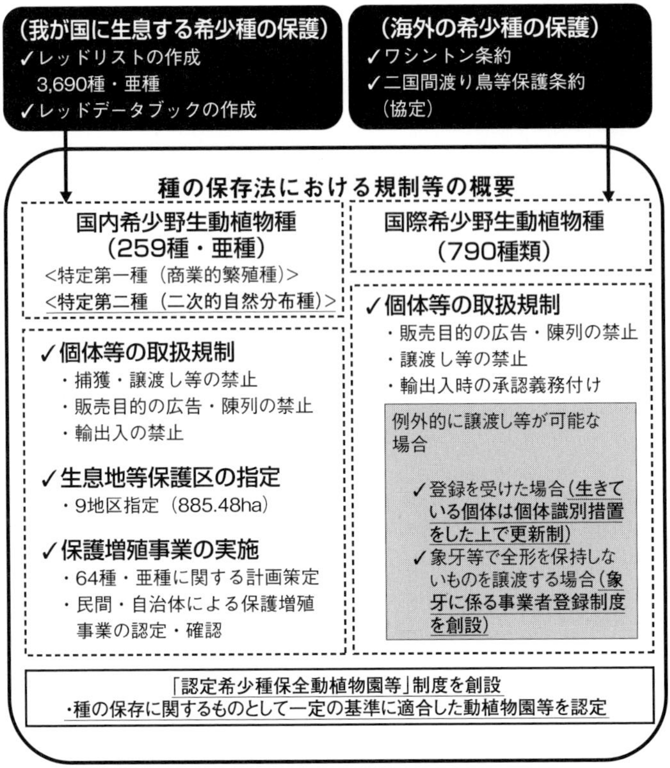

（我が国に生息する希少種の保護）
- ✓レッドリストの作成
  3,690種・亜種
- ✓レッドデータブックの作成

（海外の希少種の保護）
- ✓ワシントン条約
- ✓二国間渡り鳥等保護条約（協定）

種の保存法における規制等の概要

国内希少野生動植物種（259種・亜種）
<特定第一種（商業的繁殖種）>
<特定第二種（二次的自然分布種）>

- ✓個体等の取扱規制
  - ・捕獲・譲渡し等の禁止
  - ・販売目的の広告・陳列の禁止
  - ・輸出入の禁止
- ✓生息地等保護区の指定
  - ・9地区指定（885.48ha）
- ✓保護増殖事業の実施
  - ・64種・亜種に関する計画策定
  - ・民間・自治体による保護増殖事業の認定・確認

国際希少野生動植物種（790種類）

- ✓個体等の取扱規制
  - ・販売目的の広告・陳列の禁止
  - ・譲渡し等の禁止
  - ・輸出入時の承認義務付け

例外的に譲渡し等が可能な場合
- ✓登録を受けた場合（生きている個体は個体識別措置をした上で更新制）
- ✓象牙等で全形を保持しないものを譲渡する場合（象牙に係る事業者登録制度を創設）

「認定希少種保全動植物園等」制度を創設
・種の保存に関するものとして一定の基準に適合した動植物園等を認定

図18-1　種の保存法の概要

以下に法の内容を整理して簡単に説明する。

18.3.1　目的と基本方針

　この法律では、野生動植物が単に生態系の重要な構成要素としてだけでなく、人類の豊かな生活に欠かすことのできないものであるとして、「種の保存を図ることで良好な自然環境を保全し、現在及び将来の国民の健康で文化的な生活の確保に寄与すること」を目的として掲げている。また、政府の種の保存に関する基本的構想や指定種の選定、生息地等保護に関する基本的事項等を、環境大臣が中央環境審議会の意見を聴いて案を作成し、「希少野生動植物種保存基本方針」として、閣議で決定することとなっている。

18.3.2　希少野生動植物種の指定

　絶滅のおそれのある種のなかで、規制対象とすべき種を「希少野生動植物種」として定め、種ごとに、捕獲や譲渡しなど各種の規制措置等を講じる仕組みとなっている。希少野生動植物種は、わが国に生息・生育する「国内希少野生動植物種」（以下「国内希少種」という）と、ワシントン条約や二国間渡り鳥等保護条約により指定された「国際希少野生動植物種」（以下「国際希少種」という）に大別される。

　また、国内に生息・生育する絶滅のおそれのある種のなかには、規制の取扱いを他の種とは区別して保全対策を行う必要があるものもあるため、商業的に繁殖させて市場で流通している種については「特定第一種国内希少野生動植物種」（以下「特定第一国内希少種」という）として、二次的自然環境に生息する昆虫類などについては「特定第二種国内希少野生動植物種」（以下「特定第二国内希少種」という）として、別の枠組みの指定を行うことができるようになっている。

　希少野生動植物種は、中央環境審議会の諮問・答申を経て政令で指定することとされているが、新たに発見された種など緊急に保護を要する種については、期間を区切って環境大臣が速やかに指定できるよう、「緊急指定種」の制度も設けられている。

18.3.3　個体等の取扱いに関する規制

(1) 捕獲・譲渡し等の規制

　国内希少種および緊急指定種は、原則として環境大臣の許可を得た場合等を除き、捕獲、採取、譲渡し、譲受け、販売目的の広告・陳列、輸出入等を行うことが禁止されている。

　また、国際希少種は、国内に生息・生育していないことから捕獲、採取等は規制されないのと、輸出入に関してはワシントン条約等の規制の担保法ともなっている「外国為替及び外国貿易法」（通称「外為法」）の承認を受けることを義務づけている点が、国内希少種および緊急指定種と取り扱いが異なるが、その他は同様の禁止がかけられている。

　ただし、譲渡しや広告・陳列に関しては、特定第一国内希少種と、国際希少種のうち商業目的で繁殖させたもの等について環境大臣（指定登録機関）から登録を受け、その登録票とともに行う場合等については、禁止の適用除外となっている。

(2) 事業等の規制

　特定第一種国内希少種の譲渡し等の業務を伴う事業（特定国内種事業）を行おうとする者は、環境大臣および農林水産大臣に届出を行い、その取引について所定の事項を記録することが義務づけられており、違反した場合には、業務の停止命令がかけられる場合もあることとされている。

　また、国際希少種については、その器官および加工品のうち、わが国で製品の原材料として使用されている特定の種（例えば、べっ甲細工の材料となるウミガメの１種タイマイなど）にかかるものであって一定の大きさ以下のもの（特定器官等）は、譲渡し等をすることができることとされているが、その譲渡し等の業務を伴う事業（特定国際種事業）を行おうとする者は、特定国内種事業と同様、環境大臣および指定された関係大臣への届出や所定事項の記録が義務づけられ、業務停止命令もかけられる場合があることとされている。

　さらに、譲渡し等の管理が特に必要な特定器官（全形を保持しない象牙など）にかかる特別国際種事業を行う者（特別国際種事業者）は、前述の届出ではなく、環境大臣および関係大臣への登録や更新、取引相手の確認や入手経緯

を記録した管理表の作成などが義務づけられ、違反した場合の登録取消しや、業務停止命令等についても規定されている。

18.3.4　生息地等の保護に関する規制

　生息地等の保護に関する規制としては、1種もしくは複数の国内希少種の生息・生育環境を保全するために、必要に応じ生息地等保護区を指定することができることとされている。

　生息地等保護区の区域内には、繁殖地や重要な採餌地等、特にその種の生息・生育にとって重要な区域で規制の必要の高い区域として「管理地区」を指定することができることとされている。管理地区では、原則として環境大臣の許可なしに、工作物の設置や木竹の伐採、土地の形状変更等の行為を行うことが禁止されている。

　管理地区以外の区域を監視地区と呼び、より緩やかな規制でも生息環境等が維持できるような生息地や管理地区の緩衝地帯として必要な地域であり、管理地区で禁止されている行為を行おうとする者は、環境大臣への届出が義務づけられ、必要に応じて制限をされることとなっている。このほか、管理地区内では、必要に応じ、期間を指定して、車馬の乗り入れ等を規制する区域を定められるほか、特別に必要な場合には、土地所有者の同意を得たうえで人の立ち入りを制限する「立入制限地区」の指定ができることとされている。

18.3.5　保護増殖事業

　国内希少種の個体数の維持・回復を図るためには、捕獲、譲渡し等の規制や生息地等の保護だけではなく、個体の繁殖の促進や生息地の積極的な整備等、減少した個体数を回復させるための取り組みが必要である。このため、種の保存法では、巣箱の設置、飼育下繁殖、生息地への再導入、森林・草地・水辺といった生息環境等の整備などの保護増殖のための事業を「保護増殖事業」として位置づけ、推進することとしている。

　保護増殖事業実施のための計画（保護増殖事業計画）は、環境大臣またはその他の国の行政機関の長（大臣）が中央環境審議会の意見を聴いて策定することとされているが、その実施は国の機関が実施するのみならず、地方公共団体

または民間団体も環境大臣の確認または認定を受けて保護殖事業を実施できることとされている。

18.3.6　希少種保全動植物園等の認定

　絶滅危惧種については、生息地（in-situ）における保全だけでなく、生息域外（ex-situ）における保護増殖も、遺伝資源の保全や野生復帰の取り組みにつながるため、極めて重要な取り組みである。なかでも、動植物園等はそうした事業へ大きく貢献できる可能性を有しており、実際、ツシマヤマネコ、トキ、ムニンノボタン等においては、現在も環境省が動植物園等の協力を得て取り組みを実施している。

　このため、種の保存法では、国内希少種・国際希少種の保存に資する動植物園等については、環境大臣の認定を受けることができることとしている。認定を受けようとする動植物園等は、希少種の飼養・譲渡し等に関する計画等を提出し、認定基準に合致することの確認を求めるともに、認定後には、5年ごとの認定の更新、定期的な環境大臣への報告などが義務づけられている。一方で、計画に従って行われる希少種の譲渡し等については、禁止の適用除外とされ、認定動植物園間での繁殖事業の円滑な実施に配慮がなされている。

18.4　絶滅危惧種の保全をめぐる法体系

　絶滅危惧種を保全するためには、減少要因を特定し、それぞれの要因に応じた対策を講じることにより、その要因を除去・軽減することが重要である。法制度は、そうした対策を効果的に講じるために整備されるものである。

　環境省では、2011（平成23）年度に「我が国の絶滅のおそれのある野生生物の保全に関する点検会議」を設置し、わが国に生息・生育する絶滅危惧種の現状とこれまでの保全の取り組み状況について点検を行った。点検では、当時の環境省のレッドリスト掲載の絶滅危惧Ⅰ類およびⅡ類の3,155種を対象とし、減少要因を分類群ごとに把握したうえで、主要な減少要因に応じた対策別に、関連する既存の諸制度の有効性が整理されている。また、入手可能なデータに基づき、絶滅危惧種にかかる捕獲規制の状況や保護地域によって生息・生

育地がきちんとカバーされているかなど減少要因に応じた保全対策の傾向の分析も行われた。

法制度の関係では、種の保存法をはじめとする、絶滅危惧種の保全に関連する様々な法令等の制度を、目的と施策手法のマトリックスによる表を作成し、整理が行われている（**表18-1**）。この整理によれば、前述のように絶滅危惧種の保護・保全に特化した法制度、すなわち核となる法制度は種の保存法であるが、鳥獣全体を特定の分類群に特化した種としてみれば、鳥獣保護（管理）法も種の保護・保全を目的とした法制度として位置づけられている。また、自然環境保全法や自然公園法などは、生態系・自然景観の保護・保全を目的としつつも、絶滅危惧種の減少要因を除去・軽減し得る法制であることが理解できる。

さらに、代表的な減少要因に対して想定される対策についても関連制度を表にまとめている（**表18-2**）。この表においては、減少要因を①生息・生育地の減少または劣化、②種の捕獲・採集、③外来種や農薬汚染等による生態系の撹乱の三つに大別し、それぞれの要因除去のために想定される主な対策を掲げて整理を行い、各対策を講じるために機能している関係法令を列挙している。

国の法律としては、種の保存法が制定された後に新たに設けられた制度も多い。新たな立法だけでも、環境影響評価法（1997（平成9）年）、自然再生推進法（2002（平成14）年）、特定外来生物による生態系等に係る被害の防止に関する法律（外来生物法）（2004（平成16）年）、地域における多様な主体の連携による生物の多様性の保全のための活動の促進等に関する法律（生物多様性地域連携促進法）（2010（平成22）年）などが挙げられる。

18.5　わが国の絶滅危惧種の保全のための法制度の現状と課題

前項において概括したように、近年は、種の保存法のみならず、生物多様性保全に寄与するため、様々な法律により絶滅危惧種の対策についても強化がなされてきた。こうした動きは、地方公共団体においても、条例等に基づく施策の強化により進んできており、2018（平成30）年2月時点では、33の都道府県が、希少野生動植物の保護等を目的とした条例を制定している。

第18章 絶滅危惧種保全のための法制度

表18-1 絶滅危惧種の保全に関連する各種法令

法令の目的	絶滅危惧種の保護・保全 種の保護・保全			生態系・自然景観等の保護・保全 地域の生物多様性の保全等（法14条）		（参考）その他
施策のアプローチ（例）	生物多様性基本法 野生生物の種の多様性の保全等（法15条）					
	種の保存法	鳥獣保護法	都道府県の希少種保護条例（注1）	自然環境保全法 すぐれた自然環境	自然公園法 優れた自然の風景地	文化財保護法 天然記念物（法109条）
保全等の対象	国内希少野生動植物種（法4条）	鳥獣（法2条） 希少鳥獣				
絶滅危惧種の個体の直接的な保護（規制）	個体等の捕獲等の禁止（法9条） 譲渡し等の禁止（法12条） 輸出入の禁止（法15条）	捕獲の禁止（法8条） 大臣許可 違法な鳥獣の譲渡し等の禁止（法27条）		自然環境保全地域 野生動植物保護地区内の捕獲規制（法26条） 海域特別地区内の捕獲規制（法27条）	国立・国定公園（法5条等） 特別地域内の指定種の捕獲規制（法20条等） 海域公園地区等規制（法22条）	現状変更等の許可制（法125条） ・地域を定めない指定
絶滅危惧種の生息地の保護	生息地等保護区（法36条） 管理地区（法37条） 立入制限地区（法38条） 監視地区（法39条）	鳥獣保護区（法28条） 特別保護地区（法29条） 希少鳥獣指定区域（令2条） 希少鳥獣生息地保護区など		特別地区（法25条） 海域特別地区（法27条の2） 普通地区（法28条）	特別地域（法20条等） 特別保護地区（法21条） 海域公園地区（法22条） 普通地域（法33条）	・地域指定 ・天然保護区域
絶滅危惧種の保護増殖等	保護増殖事業（法45条、46条） 確認・認定（法46条）	希少鳥獣保全事業（法28条の2） 鳥獣保護区における鳥獣保全事業（法28条の2）		生態系維持回復事業（法30条の2）	生態系維持回復事業（法38条等） 公園事業（法10条等）	再生・復旧（法113条）
その他	外来生物法、生物多様性地域連携促進法、環境影響評価法 自然再生推進法					生活環境の保全、生物資源の利用、公物管理等に関する法令

凡例 ──── ：必ずしも絶滅危惧種だけを対象としないが対象である制度であり、その場合には保全に関連する。
注1 法定の条例ではないが、多くの都道府県で希少種保全のための条例を含む規定を制定している。
注2 本資料は、絶滅危惧種の保全に関連する各種法令の内容について視覚的にイメージしやすいように作成したもので、必ずしも厳密ではない。詳細については各法令を参照のこと。

表 18-2 代表的な減少要因に対して想定される対策と関連制度

減少要因		想定される主な対策	関連する代表的な既存制度の例	保全状況の例(注1、2)
(1) 生息・生育地の減少または劣化		○すでに失われた生息・生育地の再生等	・自然再生事業（自然再生推進法）	
	開発	○一定の区域内の開発規制（保護地域）	・生息地等保護区（種の保存法） ・鳥獣保護区内の特別保護地区（鳥獣保護法） ・国立・国定公園（自然公園法） ・自然環境保全地域等（自然環境保全法） ・保護林・緑の回廊（国有林野の管理経営に関する法律） ・特別緑地保全地区等（都市緑地法等） ・希少種保護条例に基づく保護地域内の開発規制 ・その他条例に基づく保護地域内の開発規制 ・その他（地域指定の天然記念物、保安林、保護水面等）	保護地域カバー率（開発）：21%
		○事業時の環境配慮等	・環境影響評価（環境影響評価法） ・その他条例に基づく環境影響評価の制度	
	過剰利用等	○一定の区域内の立入・乗入の利用制限（保護地域）	・生息地等保護区内の管理地区（種の保存法） ・鳥獣保護区内の特別保護指定区（鳥獣保護法） ・国立・国定公園内の特別地域等（自然公園法） ・原生自然環境保全地域、自然環境保全地域内の特別地区等（自然環境保全法） ・保護林（国有林野の管理経営に関する法律） ・特定自然観光資源（エコツーリズム推進法）	保護地域カバー率（過剰利用等）：31%
		○利用時の環境配慮等	・エコツーリズム推進協議会等（エコツーリズム推進法）	
	管理放棄・遷移進行等	○生息・生育地の維持管理等	・地域連携保全活動（生物多様性地域連携促進法） ・風景地保護協定（自然公園法）	
(2) 種の捕獲・採集		○捕獲規制		種指定率：64%
		区域を定めず種等を指定した捕獲・採集の制限	・国内希少野生動植物種の捕獲規制（種の保存法） ・鳥獣の捕獲規制（鳥獣保護法） ・地域を指定しない天然記念物（文化財保護法） ・希少種保護条例に基づく捕獲規制 ・その他（水産資源保護法の保護動物など）	種指定率（国）：7% 種指定率（県）：25%
		一定の区域を定めた全種または指定種の捕獲・採集の制限	・国立・国定公園内の特別地域等（自然公園法） ・原生自然環境保全地域、自然環境保全地域内の特別地区等（自然環境保全法） ・鳥獣保護区（鳥獣保護法） ・地域指定の天然記念物（文化財保護法） ・保護林（国有林野の管理経営に関する法律） ・条例に基づく保護地域内での捕獲規制	保護地域カバー率（捕獲）：6% 種指定率（保護地域内）：50%
(3) 生態系の撹乱				
	外来種等による捕食・競合等（シカ等の中大型哺乳類の個体数増加・分布拡大を含む）	○外来種等の放出等規制		
		区域を定めず種指定	・特定外来生物の放出規制（外来生物法） ・地方自治体の条例等による外来種の放出規制	
		一定の区域を定める（保護地域内）	・生息地等保護区内の管理地区（種の保存法） ・鳥獣保護区内の特別保護指定区域（鳥獣保護法） ・国立・国定公園内の特別地域（自然公園法） ・原生自然環境保全地域、自然環境保全地域内の特別地区（自然環境保全法）	
		○外来種等のモニタリング、防除等（シカ等の個体数調整を含む）	・特定外来生物の防除（外来生物法） ・生態系維持回復事業（自然公園法、自然環境保全法） ・鳥獣保護区における保全事業（鳥獣保護法） ・保護林・緑の回廊（国有林野の管理経営に関する法律）	
	水質汚濁・農薬汚染	○一定の区域内の排出規制（保護地域）	・生息地等保護区内の管理地区（種の保存法） ・国立・国定公園内の特別地域等（自然公園法） ・原生自然環境保全地域、自然環境保全地域内の特別地区等（自然環境保全法）	
		○区域を定めない排出等の規制	・水質汚濁防止法による汚水等の排出規制、農薬取締法による農薬の使用規制等	
○対象種の個体数の積極的な維持・回復（保護増殖）など			・保護増殖事業（種の保存法） ・希少種保護条例に基づく保護増殖の取組　　　など	

注1：「保護地域カバー率」は、当該減少要因にかかる絶滅危惧種の分布域（分布データのある種に限る）を国立・国定公園、自然環境保全地域等、国指定鳥獣保護区、生息地等保護区がカバーしている割合を示す。

注2：「種指定率（国）」は、捕獲・採集を減少要因とする絶滅危惧種のうち国内希少野生動植物種、狩猟鳥獣以外の鳥獣、天然記念物として捕獲等が規制されている種数の割合を、「種指定率（県）」は同じく希少種保護条例によって指定されて捕獲等が規制されている種数の割合を、「種指定率（保護地域内）」は同じく国立・国定公園の特別地域、同じく海域公園地区、自然環境保全地域の特別地区で指定され区域内の捕獲等が規制されている種数の割合を示す。「種指定率」はこれらの合計（重複は除く）。

第 18 章　絶滅危惧種保全のための法制度

　わが国では、人口減少等により里地里山等の二次的自然に対する働きかけが縮小するなかで、二次的自然に生息・生育する動植物の生息・生育状況は悪化してきている。特に昆虫類、淡水魚類、両生類の絶滅危惧種の約 7 割が二次的自然に生息しており、二次的自然に分布する多くの種が、絶滅の危機に瀕していると言える。こうした種のなかには高額で商業取引が行われるため販売業者等による大量捕獲の危険にさらされているものもあるが、一方で、捕獲や譲渡し等の規制により調査研究や環境教育に支障を及ぼすとの指摘もある。こうしたことから、2017（平成 29）年の種の保存法改正において、販売・頒布目的での捕獲・譲渡し等のみを規制する特定第二国内希少種制度を創設したところである。

　なお、このような絶滅危惧種については、里地里山等における持続可能な自然資源利用への支援等、法令以外の様々な制度によっても、保全対策の制度的整備が進められてきた。

　さらに、生息域外における保護増殖が必要となってきている種の数は、増大の一途をたどっているが、そうした取り組みを国の行政だけで実施していくことには限界がある。このため、動植物園等（動物園、水族館、植物園、昆虫館等）による協力を得やすくするために、前述の認定動植物園制度も同時に設け

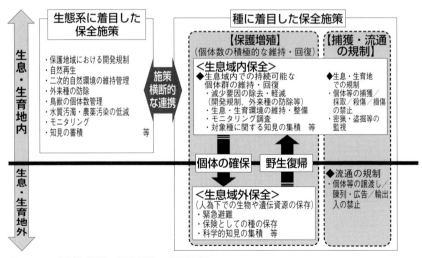

図 18-2　絶滅危惧種の保全対策の相互関係

られている。

ただし、実際に絶滅危惧種の保全にこうした様々な制度が十分に活用されてきたかどうか、今後され得るかどうかは、対象種や地域によっても評価が分かれるところであろう。すなわち、法体系やその他の制度が整備されたとしても、対象種の特性や減少要因等の状況に応じて、関連する様々な制度を効果的に活用しなければ、現実に絶滅危惧種の保全は成し得ない。

前述の点検をもとに、2014（平成26）年4月に環境省が策定した「絶滅のおそれのある野生生物種の保全戦略」においては、絶滅危惧種の保全対策の相互関係を図 18-2 のように整理している。ここに書かれた対策の多くは、種の保存法により対応ができていると考えられるが、関連する法制度も併せて効果的に活用しつつ、保全に取り組む種の優先順位を明らかにしたうえで、具体的な施策を計画的に実施することが重要である。　　　　〔奥田直久〕

［参考文献］

中央環境審議会（2017）絶滅のおそれのある野生動植物の種の保存につき講ずべき措置（答申）．

環境庁20周年記念事業実行委員会（1991）環境庁二十年史．

環境庁野生生物保護行政研究会編集（1995）絶滅のおそれのある野生動植物の国内取引管理—絶滅のおそれのある野生動植物の種の保存に関する法律詳説．中央法規出版，468pp．

環境省自然環境局（2014）絶滅のおそれのある野生生物種の保全戦略．

森　康二郎（1992）「絶滅のおそれのある野生動植物の種の保存に関する法律」の概要について．国立公園 **505**: 2-7.

自然環境保全審議会野生生物部会（1992）絶滅のおそれのある野生動植物の種の保護対策について（答申）．

我が国の絶滅のおそれのある野生生物の保全に関する点検会議（2012）我が国の絶滅のおそれのある野生生物の保全に関する点検とりまとめ報告書．

索　引

【あ】
アイソザイム　17
アイソザイム分析　17
アオサンゴ　204
赤土　205
アクションプラン　199
アメリカザリガニ　161, 176
アメリカハナノキ　21
アメンボ類　165, 166
　　——の越冬の類型　168
アルゴスシステム　103
アロザイム　17
アロザイム分析　17
アンダーパス　147

【い】
イーダス（EADAS）　32
域外保全　→生息域外保全
生きもの　2
生きもの技術　37
生きもの技術者　41
いきものログ　30
異系交配弱勢　→遠交弱勢
異系個体　22
移植　39
移殖　39, 146
遺伝子　1, 7
　　——の多様性　→遺伝的多様性
遺伝子解析　111
遺伝子撹乱　→遺伝的撹乱
遺伝子座　17, 20
遺伝子保存　155
遺伝子流動　21
遺伝的撹乱　22, 82, 147
遺伝的構造　82
遺伝的多様性　15, 16, 82

遺伝的劣化　83, 88
イラストマー・タグ　159
インパクト　12, 13
インパクト論　2
隠蔽種　20, 143

【う】
ウキガヤ　181

【え】
江　101
エサキアメンボ　168, 169
　　——の生息環境　171
遠交弱勢　22

【お】
オオタカ　iv, 2
オカレンス　32

【か】
外国為替及び外国貿易法（外為法）　214
階層構造　15
回避　146
かいぼり　172
外来種　57, 112
外来生物法　217, 218
核型　17
カテゴリー（絶滅危惧の——）　10, 11
カルバート　125, 148
カワラノギク　93
環境アセスメント　91, 146
　　——における保全措置　146
環境影響評価法　217, 218
環境省版レッドリスト　11
環境DNA　24, 111, 112
環境と開発に関する国連会議　→地球サミット

223

索　　引

環境評価手法　151
環境ポテンシャル　3, 47, 62, 65
乾涸死　58
間接的ステークホルダー　194, 195
管理種（JSMP 種）　79
管理単位　23

【き】

危急種　204
希少野生動植物種　212, 213
希少野生動植物種保存基本方針　213
基図　63
キュー植物園　80
競合種　57
局所的個体群　8
局地個体群　8
緊急指定種　213
近交弱勢　15, 83
近親交配　15, 72

【く】

国頭マージ　205

【け】

景観　1, 7
景観遺伝学　21
系統保存　96, 186
ゲットウ（月桃）　207
血統登録　72
血統登録台帳　→スタッドブック

【こ】

小石川御薬園　80
合意形成　199
コウノトリ　100
　　——の野生復帰・再導入　102
コード領域　18
国際希少野生動植物種（国際希少種）　213
国際自然保護連合（IUCN）　9, 29, 202, 204
国内希少野生動植物種（国内希少種）　iv, 133, 213
国連環境計画（UNEP）　202
コシガヤホシクサ　87

個体群動態　75
個体群動態解析　110
木庭作　196
コミュニティ　→地域社会
コントロール　185

【さ】

再導入　97, 98
在来種　57
サンガー法　18
サンゴ礁生態系　204, 205
サンショウウオ属　144
参照サイト　109
産卵基質　158, 169, 176

【し】

シーケンサー　18
シードバンク　181
史蹟名勝天然紀念物保存法　210
次世代シーケンサー　24, 88
自然環境保全法　218
自然公園法　218
自然再生協議会　198
自然再生事業　108
自然再生推進法　217, 218
実施サイト　109
指標種　158
市民科学　113
ジャーガル　205
社会的環境ポテンシャル　3, 65, 66, 92
蛇籠　148, 149
ジャンク DNA　18
種　1, 7, 211
　　——の供給ポテンシャル　3, 65, 66, 91
　　——の保存委員会（SSC）　29
　　——の保存法　iii, 90, 118, 133, 197, 209, 211, 218
　　——の概要　212
集水桝　148, 159
種管理計画　73
樹種転換　54
主題図　63
狩猟法　210

索引

準絶滅危惧　11
順応的管理　107, 108
象徴種　40
植物多様性保全拠点園　84, 85
植物多様性保全2020年目標　81
植物版レッドデータブック　10
進化的重要単位　23
シンク個体群　9, 62
診断　65

【す】

水衝部　187
瑞鳥　131
ズーストック計画　99
スコーピング　63
スタッドブック　72, 73
ステークホルダー　49, 91, 113, 194
　　絶滅危惧種の保全にかかわる――　194, 195
スパイラル　1

【せ】

生息域外保全　43～45, 99, 220
　　植物の――　79
　　動物の――　71
生息域内保全　43～45, 220
生息地等保護区　215
生態系　1
生態工学　2, 37
セイタカアシ　51
生物多様性　7, 15
生物多様性基本法　218
生物多様性国家戦略　80
生物多様性条約　43, 80
生物多様性条約締約国会議（COP）　81
生物多様性地域連携促進法　217, 218
生物的環境　63
世界自然保護モニタリングセンター（WCMC）
　　10
世界保全戦略　202
絶滅　iii, 7, 10, 11
　　――のおそれ　9
　　――のある地域個体群　11
　　――のある野生生物の種のリスト　29
　　――のある野生動植物の種の国際取引に
　　　関する条約　→ワシントン条約
　　――のある野生動植物の種の保存に関す
　　　る法律　→種の保存法
絶滅危惧ⅠA類　10, 11
絶滅危惧ⅠB類　10, 11
絶滅危惧Ⅰ類　10, 11
絶滅危惧カテゴリー　11
絶滅危惧種　1, 38
　　――の移動　91
　　――の保全　107
　　――に関連する各種法令　218
　　――の保全計画　47, 48
絶滅危惧Ⅱ類　10, 11
染色体　17
染色体多型　17
全地球測位システム（GPS）　30

【そ】

創始個体　→ファウンダー
ソース個体群　9, 62
相対光量子束密度　187
ソフトリリース法　101

【た】

代償　91, 146
タイマイ　214
大量絶滅　8, 9
ダイレクトシーケンス法　18
ため池　168
タンチョウ　131, 133

【ち】

地域個体群　8, 39, 43, 85
地域社会　105
地域づくり関連事業　197
地域別収集計画　78
チェルシー薬草園　80
地球規模生物多様性情報機構（GBIF）　32
地球サミット　211
抽水植物　172, 175
中生草本　68
鳥獣保護及狩猟ニ関スル法律（鳥獣保護法）

225

索　引

　　　　　210, 218
鳥獣保護管理法　210
鳥獣猟規則　209
跳馬　165
直接的ステークホルダー　194, 195
地理情報システム（GIS）　30

【つ】
対馬野生生物保護センター　123
ツシマヤマネコ　75, 100, 117, 119
堤返し　172

【て】
低減　146
定性的要件　12
定量的要件　12
デコイ　56
テレメトリー　111
電気伝導度　69
天然記念物　118

【と】
ドードー　7, 8
トキ　100
　　──のモニタリング　101
　　──の野生復帰・再導入　100, 102
トキ野生復帰ロードマップ　99, 102
特殊鳥類の譲渡等の規制に関する法律（特殊鳥
　　類法）　210
特定器官　214
特定国際種事業　214
特定国内種事業　214
特別国際種事業　214
特別天然記念物　132
土地的環境　63

【な】
ナガレホトケドジョウ　153

【に】
にお　132, 133
二次的自然　13, 220
日米渡り鳥条約　210

日本自然保護協会　29
日本動物園水族館協会　71
日本野鳥の会　131

【ね】
ネコ走り　126

【の】
法面　67

【は】
バードストライク　59
ハードリリース法　101
バイオーム（BioWM）　32
バイオロギング　111
パイプカルバート　125
パッチ　8
ハッチョウトンボ　67, 69
ハナノキ　20
ハネナシアメンボ　168
ハビタット　3, 7, 21, 89
　　──の造成　92
　　──の保全　151
ハビタット評価手続き　151
ハプロタイプ　18

【ひ】
ビオトープ　3, 155, 161
ビオトープ池　172
非コード領域　18
非実施サイト　109
非生物的環境　63
ヒダサンショウウオ　148
避難地　180
非ハビタット　21
ヒメウキガヤ　179, 181
　　──の生活史　182
表現型　16
標準2次メッシュ　32

【ふ】
ファウンダー　45, 59, 74, 98
負のスパイラル　1, 47

ふゆみずたんぼ　55
浮葉植物　172
フラッグシップ種　40
フラッシュ（一斉流出）　187
プラットフォーム　33, 197
文化財保護法　118, 132, 197, 210, 218

【へ】
ベチバー　207

【ほ】
保護増殖事業　215
保護増殖事業計画　133
保護鳥獣　210
保全措置　146, 188
ボックスカルバート　125
ポテンシャル評価　3
ポテンシャル論　3
ホトケドジョウ　153
ボトルネック　82

【ま】
マイクロサテライト　20
マイクロサテライト分析法　20
マイクロチップ　111, 112, 150
埋土種子集団　181
マルチング効果　207

【み】
ミティゲーション　90
ミトコンドリア DNA　18
民法　193

【む】
無主の動産　193
無主物　193
無主物先占　193

【め】
メタ個体群　169

【も】
モウセンゴケ　67, 69

モニタリング　107
　トキの——　101
　コウノトリの——　103
モニタリング調査　110

【や】
ヤスマツアメンボ　173, 174
野生絶滅　10, 11, 100
野生復帰　97, 98
野鳥保護区　134
谷戸池　155

【ゆ】
有害鳥獣駆除　57
ユニット　23

【よ】
溶存酸素濃度　69
葉緑体 DNA　18
4 階層思考モデル　202

【ら】
ランク（絶滅危惧の——）　10
ランドスケープ　1

【り】
利害関係者　→ステークホルダー
リター　169
立地ポテンシャル　3, 65
林相転換　54

【る】
類似性　9

【れ】
レッドデータブック　9, 10, 51, 211
レッドリスト　9, 10, 29
レブンアツモリソウ　87

【ろ】
ローカルモデル　142
ロードキル　58, 120

索　引

【わ】

ワシントン条約　iii, 210
渡り鳥及び絶滅のおそれのある鳥類並びにその環境の保護に関する日本国政府とアメリカ合衆国政府との間の条約　→日米渡り鳥条約
ワンド　95, 155

【欧文】

abiotic condition　63
adaptive management　107
BARCI（Before After Reference Control Impact）デザイン　108, 109
base map　→基図
biotic condition　63
BioWM　→バイオーム
Ciconia boyciana　100
citizen science　→市民科学
COD　→電気伝導度
Control Site　→非実施サイト
COP6　81
COP10　81
CR + EN（絶滅危惧Ⅰ類）　10, 11
Critically Endangered（CR）　10, 11
cryptic species　20

Data Deficient（DD）　11
diagnosis　65
DNA　18
DNA解析　147
DO　→溶存酸素濃度
Dodo　7
drone　64

EADAS　→イーダス
ecological engineering　2
Endangered（EN）　10, 11
environmental potential　62
ESU（Evolutionary Significant Unit）　→進化的重要単位
ex-situ　216
Extinct（EX）　11
Extinct in the Wild（EW）　10, 11

extinction　7
FRP水槽　154
GBIF（Global Biodiversity Information Facility）　→地球規模生物多様性情報機構
gene　7
gene flow　21
genetic diversity　15
GIS（Geographical Information System）　→地理情報システム
Glyceria depauperata　181
GPS（Global Positioning System）　→全地球測位システム

haplotype　18
Heliopora coerulea　204
HEP（Habitat Evaluation Procedure）　→ハビタット評価手続き

inbreeding depression　15
in-situ　216
IUCN　→国際自然保護連合
　──による絶滅危惧のカテゴリー分類　11
IUCN再導入ガイドライン　99
IUCNレッドリストカテゴリーと基準　12
IUCNレッドリストパートナーシップ　29

JAZA　→日本動物園水族館協会
JAZAコレクションプラン　78
JBIF（Japan Node of GBIF）　31, 32
J-IBIS　30, 31
JSMP種　→管理種

landscape genetics　21
Least Concern（LC）　11
Lefua echigonia　153
LP（絶滅のおそれのある地域個体群）　11

mass extinction　8
MU（Management Unit）　→管理単位

Near Threatened（NT）　11
Nipponia nippon　100
Not Evaluated（NE）　11

outbreeding depression　22

索　引

PCR（Polymerase Chain Reaction）　18
PDCA サイクル（Plan-Do-Check-Act cycle）
　　107, 108, 198
Prionailurus bengalensis euptilurus　100, 119
Project Site　→実施サイト
PVA　→個体群動態解析

RDB　→レッドデータブック
Reference Site　→参照サイト
Regional Collection Plan　→地域別収集計画

scoping　63
sink population　62
source population　62
species　7

SSC　→種の保存委員会
SSR（Simple Sequence Repeat）法　→マイクロサテライト分析法
steakholder　194

thematic map　→主題図
TWCC　→対馬野生生物保護センター

UAV　64, 112
UNEP　→国連環境計画

Vulnerable（VU）　11

WCMC　→世界自然保護モニタリングセンター
WWF ジャパン　29

229

執筆者一覧 （執筆順、所属は初版刊行時）

■監修者

亀山　章（かめやま・あきら）　　　東京農工大学名誉教授：まえがき／序

■編著者

倉本　宣（くらもと・のぼる）　　　明治大学：第1章

■著　者

佐伯いく代（さえき・いくよ）　　　筑波大学：第2章
井本　郁子（いもと・いくこ）　　　地域自然情報ネットワーク：第3章
大澤　啓志（おおさわ・さとし）　　日本大学：第4章（4.1〜4.2）／第12章
春田　章博（はるた・あきひろ）　　春田環境計画事務所：第4章（4.3）／第15章
中村　忠昌（なかむら・ただまさ）　㈱生態計画研究所：第5章／第6章（6.2）
八色　宏昌（やいろ・ひろまさ）　　景域計画株式会社：第6章（6.1）
日置　佳之（ひおき・よしゆき）　　鳥取大学：第6章（6.3）
中田奈津子（なかた・なつこ）　　　前千葉市役所：第6章（6.3）
堀　　秀正（ほり・ひでまさ）　　　井の頭自然文化園：第7章（7.1）
田中　法生（たなか・のりお）　　　国立科学博物館筑波実験植物園：第7章（7.2）
板垣　範彦（いたがき・のりひこ）　いきものランドスケープ：第7章（7.3）
園田　陽一（そのだ・よういち）　　㈱地域環境計画：第8章
徳江　義宏（とくえ・よしひろ）　　日本工営株式会社：第9章
趙　　賢一（ちょう・けんいち）　　㈱愛植物設計事務所：第10章
原田　修（はらだ・おさむ）　　　（公財）日本野鳥の会：第11章
勝呂　尚之（すぐろ・なおゆき）　　神奈川県水産技術センター内水面試験場：第13章
中尾　史郎（なかお・しろう）　　　京都府立大学：第14章
逸見　一郎（へんみ・いちろう）　　（一社）自然と文化創造コンソーシアム：第16章
並木　崇（なみき・たかし）　　　WWFジャパン：第17章
奥田　直久（おくだ・なおひさ）　　環境省：第18章

230

絶滅危惧種の生態工学
生きものを絶滅から救う保全技術

2019 年 3 月 20 日　　初版第 1 刷

監修者　亀山　章
編著者　倉本　宣
発行者　上條　宰
印刷所　モリモト印刷
製本所　カナメブックス

発行所　株式会社　地人書館
〒 162-0835　東京都新宿区中町 15
電話　03-3235-4422
FAX　03-3235-8984
郵便振替　00160-6-1532
e-mail　chijinshokan@nifty.com
URL　http://www.chijinshokan.co.jp/

Ⓒ2019 Akira Kameyama, Noboru Kuramoto, *et al.*
ISBN978-4-8052-0930-1 C1045　Printed in Japan.

JCOPY〈出版者著作権管理機構　委託出版物〉
本書の無断複製は、著作権法上での例外を除き禁じられています。複製される場合は、そのつど事前に、出版者著作権管理機構（電話 03-3513-6969、FAX 03-3513-6979、e-mail: info@jcopy.or.jp）の許諾を得てください。

●好評既刊

ブルーカーボン
浅海におけるCO_2隔離・貯留とその活用
堀正和・桑江朝比呂 編著
A5判／二七六頁／本体三二〇〇円（税別）

2009年，国連環境計画（UNEP）は，海草などの海洋生物の作用によって海中に取り込まれた炭素を「ブルーカーボン」と名づけた．陸上の森林などによって吸収・隔離される炭素「グリーンカーボン」の対語である．このブルーカーボンの定義，炭素動態，社会実装の実例，国際社会への展開までを報告した，国内初の解説書．

生物多様性緑化ハンドブック
豊かな環境と生態系を保全・創出するための計画と技術
亀山章 監修／小林達明・倉本宣 編集
A5判／三四〇頁／本体三八〇〇円（税別）

外来生物法が施行され，外国産緑化植物の取扱いについて検討が進んでいる．本書は，日本緑化工学会気鋭の執筆陣が，従来の緑化がはらむ問題点を克服し生物多様性豊かな緑化を実現するための理論と，その具現化のための植物の供給体制，計画・設計・施工のあり方，および各地の先進的事例を紹介する．

代替医療の光と闇
魔法を信じるかい？
ポール・オフィット 著／ナカイサヤカ 訳
四六判／三六八頁／本体二八〇〇円（税別）

代替医療は存在しない，効く治療と効かない治療があるだけだ――代替医療大国アメリカにおいて，いかに代替医療が社会に受け入れられるようになり，それによって人々の健康が脅かされてきたか？　小児科医でありロタウィルスワクチンの開発者でもある著者が，政治・メディア，産業が一体となった社会問題として描き出す．

反ワクチン運動の真実
死に至る選択
ポール・オフィット 著／ナカイサヤカ 訳
四六判／三八四頁／本体二八〇〇円（税別）

人々を救うはずのワクチンが，1本のドキュメンタリー，1本の捏造論文をきっかけに，恐怖の対象となってしまった．アメリカで最も成功した市民運動の一つ反ワクチン運動の歴史と現実と，なぜワクチンを使うことが単なる個人の選択の自由ではなく，社会の構成員全員に関係する問題なのかをわかりやすく説明する．

●ご注文は全国の書店、あるいは直接小社まで

㈱地人書館　〒162-0835 東京都新宿区中町15　TEL 03-3235-4422　FAX 03-3235-8984
E-mail=chijinshokan@nifty.com　URL=http://www.chijinshokan.co.jp

●好評既刊

外来魚のレシピ
捕って、さばいて、食ってみた

平坂 寛 著
四六判／二三二頁／本体二〇〇〇円（税別）

やれ駆除だ，グロテスクだのと，嫌われものの外来魚．しかしたいていの外来魚は食用目的で入ってきたもの．ならば，つかまえて食ってみよう！ 珍生物ハンター兼生物ライターの著者が，日本各地の外来魚を追い求め，捕ったらおろして，様々な調理法で試食する．人気サイト「デイリーポータルZ」の好評連載の単行本化．

深海魚のレシピ
釣って、拾って、食ってみた

平坂 寛 著
四六判／一九二頁／本体二〇〇〇円（税別）

深海魚は水族館で見るもの，手が届かないものか？ いやいや違う．スーパーで売られ，すでに貴方も食べている．東京湾で深海鮫が釣れる？ 海岸で深海魚が拾える？ 超美味だが5切れ以上食べると大変なことになる禁断の魚とは？ マグロの味そっくりな深海魚がいる？ 珍生物ハンター平坂寛の体当たりルポ第二作！

海はめぐる
人と生命を支える海の科学

日本海洋学会 編
A5判／二三二頁／本体三二〇〇円（税別）

海洋学のエッセンスを1冊の本に凝縮．海の誕生，生物，地形，海流，循環，資源といった海洋学を学ぶうえで基礎となる知識だけでなく，観測手法や法律といった，実務レベルで必要な知識までカバーした．海洋学の初学者だけでなく，本分野に興味のある人すべてにおすすめします．日本海洋学会設立70周年記念出版．

鮭鱸鱈鮪 食べる魚の未来
最後に残った天然食料資源と養殖漁業への提言

ポール・グリーンバーグ 著／夏野徹也 訳
四六判／三五二頁／本体二四〇〇円（税別）

魚はいつまで食べられるのだろうか……？ 漁業資源枯渇の時代に到り，資源保護と養殖の現状を知るべく著者は世界を駆け回り，そこで巨大産業の破壊的漁獲と戦う人や，さまざまな工夫と努力を重ねた養殖家たちにインタビューを試みた．単なる禁漁と養殖だけが，持続可能な魚資源のための解決策ではないと著者は言う．

●ご注文は全国の書店，あるいは直接小社まで

㈱地人書館 〒162-0835 東京都新宿区中町15　TEL 03-3235-4422　FAX 03-3235-8984
E-mail=chijinshokan@nifty.com　URL=http://www.chijinshokan.co.jp

●人と動物の関係を考える本

人獣共通感染症
これだけは知っておきたい
ヒトと動物がよりよい関係を築くために

神山恒夫 著
A5判／一六〇頁／本体一八〇〇円（税別）

近年，BSEやSARS，鳥インフルエンザなど，動物から人間にうつる病気「人獣共通感染症（動物由来感染症）」が頻発している．なぜこれら感染症が急増してきたのか，病原体は何か，どういう病気が何の動物からどんなルートで感染し，その伝播を防ぐためにどう対処したらよいのか，最新の話題と共にわかりやすく解説する．

狂犬病再侵入
日本国内における感染と発症のシミュレーション

神山恒夫 著
A5判／一八四頁／本体二三〇〇円（税別）

2006年11月，帰国後に狂犬病を発症する患者が相次いだ．狂犬病は世界で年間約5万人が死亡し，発症後の致死率100％．今，この感染症は国内にはないが，再発生は時間の問題だ．本書は海外での実例を日本の現状に当てはめた10例の再発生のシミュレーションを提示し，狂犬病対策の再構築を訴え，一般市民に自覚と警告を促す．

パラサイト
寄生虫の自然史と社会史

ローズマリー・ドリスデル 著
神山恒夫・永山淳子 訳
四六判／三七六頁／本体二六〇〇円（税別）

寄生虫（パラサイト）は，有史以前から人類とともにあった．本書は，主に人に寄生する寄生虫について，そのありとあらゆる側面—種類，歴史的背景，危険性，感染経路，宿主となる他の動物，環境との関連，各国の事情，寄生虫の持つ意外な性質，寄生虫の利用，撲滅の試みなど—一つについて，エピソードとともに記述．

野生との共存
行動する動物園と大学

羽山伸一・土居利光・成島悦雄 編著
A5判／二六〇頁／本体一八〇〇円（税別）

現代において人間が野生生物と共存するには野生と積極的に関わる必要があり，従来の研究するだけの大学，展示するだけの動物園ではいけない．動物園と大学が地域の人々を巻き込んで野生を守っていくのだ．本書は動物園と大学の協働連続講座をもとに，動物園学，野生動物学の入門書ともなるよう各講演者が書き下ろした．

●ご注文は全国の書店、あるいは直接小社まで

㈱地人書館 〒162-0835 東京都新宿区中町15　TEL 03-3235-4422　FAX 03-3235-8984
E-mail=chijinshokan@nifty.com　URL=http://www.chijinshokan.co.jp

●川や湖の本

ミジンコ先生の諏訪湖学
水質汚濁問題を克服した湖

花里孝幸 著
四六判／二三四頁／本体二〇〇〇円（税別）

国内の多くの湖の水質浄化が進まない中，諏訪湖の水質は近年顕著に改善した．水質改善に伴い諏訪湖の生態系も大きく変化し，その生態系の変化は人々の暮らしに影響を与え，新たな問題も生んだ．諏訪湖で起きた様々な現象は，今後国内各地の湖でも起こりうる．諏訪湖から，湖と人とのよりよい付き合い方が見えてくる．

ミジンコ先生の水環境ゼミ
生態学から環境問題を視る

花里孝幸 著
四六判／二七二頁／本体二〇〇〇円（税別）

ミジンコなどの小さなプランクトンたちを中心とした，生き物と生き物の間の食う-食われる関係や競争関係などの生物間相互作用を介して，水質など物理化学的環境が変化し，またそれが生き物に影響を及ぼし，水環境が作られる．こうした総合的な視点から，富栄養化や有害化学物質汚染などの水環境問題の解決法を探る．

ダム湖の中で起こること
ダム問題の議論のために

村上哲生 著
四六判／二〇八頁／本体一八〇〇円（税別）

今やダム事業からの撤退は世界的な潮流であるが，ダムの問題は，環境，地域，社会，経済など利害関係が複雑に絡み合い，大変難しい．そもそも，ダム，ダム湖とは何か？ ダム湖の中やその下流ではどんな現象が起こり，どのような環境影響があるのか？ ダムとこれからの社会をどうするか，本気で議論するための必読書．

川と湖を見る・知る・探る
陸水学入門

日本陸水学会 編／村上哲生・花里孝幸・吉岡崇仁・森 和紀・小倉紀雄 監修
A5判／二〇四頁／本体二四〇〇円（税別）

前半は基礎編として川と湖の話を，後半は応用編として今日的な24のトピックスを紹介し，最後に日本の陸水学史を収録した陸水学の総合的な教科書．川については上流から河口までを下りながら，湖は季節を追いながら，それぞれ特徴的な環境と生物群集，観測・観察方法，生態系とその保全などについて平易に解説した．

●ご注文は全国の書店，あるいは直接小社まで

㈱地人書館 〒162-0835 東京都新宿区中町15　TEL 03-3235-4422　FAX 03-3235-8984
E-mail:chijinshokan@nifty.com　URL=http://www.chijinshokan.co.jp

●現代社会の環境問題に切り込む

野生動物の餌付け問題
善意が引き起こす？生態系撹乱・鳥獣害・感染症・生活被害

畠山武道 監修／小島 望・髙橋満彦 編著
A5判／三三六頁／本体三五〇〇円（税別）

野生動物と人間の軋轢の背景には，必ず何らかのかたちの「餌付け」が存在している．山間部における農作物への鳥獣害，街中でのハトや猫の糞害，カラスの生ゴミ荒らし……．迷惑動物，駆除動物を生み出した原因は人間側にある．様々な事例を通じて，その整理と検証を試み，餌付け規制への取組みと展望を述べる．

野生動物問題

羽山伸一 著
四六判／二五六頁／本体二三〇〇円（税別）

野生動物と人間との関係性にある問題を「野生動物問題」と名付け，放浪動物問題，野生動物被害問題，餌付けザル問題，商業利用問題，環境ホルモン問題，移入種問題，絶滅危惧種問題について，最近の事例を取り上げ，社会や研究者などがとった対応を検証しつつ，問題の理解や解決に必要な基礎知識を示した．

これだけは知っておきたい 日本の家ねずみ問題

矢部辰男 著
A5判／一七六頁／本体一八〇〇円（税別）

クマネズミ，ドブネズミ等の"家ねずみ"は人間の家に居候をする習性を持つ．よって彼らは世界中に分布を広げることができた．しかし，ネズミによる被害は甚大で，特に養鶏業では飼料や鶏卵などの食害に，サルモネラ症の媒介も心配される．ネズミに寄生するペストノミが全国の港湾で見つかり，ペスト侵入も危惧される．

海と湖の貧栄養化問題
水清ければ魚棲まず

山本民次・花里孝幸 編著
A5判／二〇八頁／本体二四〇〇円（税別）

長年の富栄養化防止対策が功を奏し，わが国の海や湖の水質は良好になってきた．一方で，窒素やリンなどの栄養塩不足，つまり「貧栄養化」が原因と思われる海苔の色落ちや漁獲量低下が報告されている．瀬戸内海，諏訪湖，琵琶湖における水質浄化の取り組み，水質データ，生態系の変化などから問題提起を行う．

●ご注文は全国の書店，あるいは直接小社まで

㈱地人書館　〒162-0835 東京都新宿区中町15　TEL 03-3235-4422　FAX 03-3235-8984
E-mail=chijinshokan@nifty.com　URL=http://www.chijinshokan.co.jp